Horizontes infinitos

Explorando los Mundos de la Ciencia y la Tecnología

Luis Fernando Tejada Yepes

ÍNDICE

1.Introducción a la Ciencia y la Tecnología

En el vasto lienzo del conocimiento, donde la curiosidad se encuentra con la innovación, se despliega un viaje fascinante que invita a explorar los "Horizontes Infinitos" de la ciencia y la tecnología. Este libro es un portal hacia el entendimiento profundo y apasionado de los principios fundamentales que gobiernan nuestro universo y las innovaciones transformadoras que dan forma a nuestro futuro.

A medida que nos aventuramos en estas páginas, nos sumergimos en un océano de descubrimientos que abarca desde las leyes inmutables de la física hasta las complejidades en constante evolución de la inteligencia artificial. "Horizontes Infinitos" no es simplemente un compendio de hechos científicos; es una narrativa que desvela la historia detrás de cada teoría, experimento y avance tecnológico. Cada palabra busca no solo transmitir conocimiento, sino también encender la chispa de la curiosidad, esa fuerza intrínseca que impulsa a la humanidad hacia adelante.

En estas páginas, encontraremos las historias de mentes brillantes que desafiaron las fronteras establecidas, los obstáculos insuperables y la lógica convencional. Exploraremos cómo los principios fundamentales de la ciencia han guiado a la humanidad a través de siglos de descubrimientos, y cómo las innovaciones tecnológicas han transformado radicalmente la forma en que vivimos, trabajamos y nos conectamos en este intrincado tejido del tiempo y el espacio.

Desde los misterios del cosmos hasta las complejidades del átomo, "Horizontes Infinitos" busca desentrañar los enigmas que despiertan nuestra curiosidad innata. Nos sumergiremos en los vastos océanos de datos, exploraremos las fronteras de lo desconocido y contemplaremos las posibilidades inexploradas que aguardan en los confines de la ciencia y la tecnología.

Este libro es un llamado a la mente inquisitiva, un recordatorio de que, en nuestra búsqueda interminable de conocimiento, los horizontes se expanden infinitamente. Acompáñanos en este viaje, donde cada página es una puerta hacia la comprensión y cada capítulo revela un nuevo paisaje de maravillas científicas y avances tecnológicos que desafían nuestra imaginación. "Horizontes Infinitos" es más que un libro; es un trayecto a través de las maravillas del universo, una odisea que invita a todos a explorar y descubrir los límites insospechados de nuestro potencial científico y tecnológico.

En este periplo intelectual, navegaremos por las corrientes de la física cuántica, donde las partículas se entrelazan en danzas misteriosas, desafiando nuestras percepciones convencionales del tiempo y el espacio. Descubriremos cómo las fuerzas que dan forma al tejido mismo del universo son las mismas que gobiernan las interacciones diarias, desde el destello de un microchip hasta la majestuosidad de los planetas danzando en el cosmos.

A medida que nos sumergimos en las páginas de "Horizontes Infinitos", desentrañaremos los enigmas de la genética, explorando cómo la información codificada en nuestro ADN no solo nos conecta con nuestros ancestros, sino que también nos propulsa hacia un futuro donde la ingeniería genética redefine las fronteras de lo posible.

En el ámbito de la inteligencia artificial y la robótica, testigos seremos de la creación de mentes sintéticas, capaces de aprender y evolucionar, y de máquinas que desafían las barreras entre lo humano y lo artificial. ¿Cómo influyen estas creaciones en la definición misma de nuestra existencia y en las complejidades éticas que surgen de estas innovaciones?

Este libro no solo ilustra las maravillas científicas y tecnológicas, sino que también plantea preguntas provocadoras sobre la ética, la responsabilidad y las implicaciones socioculturales de nuestras conquistas más audaces. ¿Cómo utilizaremos el poder del conocimiento y la tecnología para abordar los desafíos globales? ¿Cuál es nuestra responsabilidad hacia las generaciones futuras en este viaje interminable hacia el desconocido?

En "Horizontes Infinitos", cada capítulo es un portal hacia la exploración de las posibilidades infinitas que se despliegan ante nosotros. A través de relatos vívidos, experimentos prácticos y un enfoque narrativo cautivador, este libro busca inspirar, educar y motivar a aquellos que buscan comprender los misterios del universo y participar activamente en la forja del mañana.

Acompáñanos en este viaje donde la maravilla y la comprensión convergen en una sinfonía de conocimiento. Juntos, exploraremos los "Horizontes Infinitos", donde cada página es una invitación a aventurarse en los territorios inexplorados de la ciencia y la tecnología.

En los anales del tiempo, la historia de la ciencia y la tecnología se entreteje con la narrativa misma de la humanidad. Desde los primeros destellos de comprensión en las antiguas civilizaciones hasta los rayos láser de la era moderna, el desarrollo científico y tecnológico ha sido el motor que impulsa nuestro progreso y redefine continuamente los límites de lo posible.

Este viaje introspectivo nos lleva a las raíces de la curiosidad humana, cuando nuestros antepasados observaron los cielos y los fenómenos naturales con asombro y fascinación. A medida que evolucionamos, desarrollamos las primeras herramientas y técnicas, marcando los primeros pasos hacia una era de descubrimientos científicos y avances tecnológicos.

La rueda, la escritura, la imprenta: hitos que cambiaron el curso de la historia y nos llevaron a una nueva era de comprensión y conectividad. Estos momentos pioneros son testigos de la capacidad innata de la humanidad para resolver problemas, innovar y transformar el mundo que habitamos.

En "Horizontes Infinitos", nos sumergimos en la corriente del tiempo, explorando cómo la ciencia y la tecnología se entrelazan con la evolución de la sociedad. Desde la alquimia de la antigüedad hasta la física cuántica contemporánea, cada paso revela la búsqueda constante de respuestas a preguntas fundamentales sobre nuestra existencia y nuestro entorno.

No es simplemente una retrospectiva histórica, sino un reconocimiento de que cada descubrimiento, por pequeño que parezca, ha contribuido a la formación del tapiz complejo que es nuestra comprensión del mundo. Un tapiz tejido con hebras de curiosidad, determinación y la incansable búsqueda de conocimiento.

Así, con una mirada retrospectiva, damos inicio a nuestro viaje por "Horizontes Infinitos", una exploración que busca no solo comprender nuestro pasado, sino también iluminar el camino hacia un futuro donde la ciencia y la tecnología continúan siendo faros guía en el vasto océano del conocimiento humano.

A medida que nos sumergimos más profundamente en la travesía de "Horizontes Infinitos", nos encontramos ante la imponente majestuosidad de los principios fundamentales que gobiernan el universo. Estos cimientos invisibles, pero omnipresentes, dan forma a la realidad que conocemos y desencadenan un caleidoscopio de fenómenos que desafían nuestra comprensión.

Desde las leyes clásicas de Newton que describen el movimiento hasta las revelaciones más abstractas de la mecánica cuántica, nos embarcamos en un viaje hacia la esencia misma de la existencia. ¿Cómo estas leyes, tan aparentemente diferentes, convergen para formar una narrativa coherente que abarca desde lo microscópico hasta lo cósmico?

En "Horizontes Infinitos", desglosamos estos principios en su esencia más pura. Exploramos la gravedad que une los mundos celestiales, las fuerzas electromagnéticas que dan vida a la tecnología que nos rodea y las interacciones subatómicas que desafían nuestra intuición.

Cada ley, cada ecuación, es una pieza del rompecabezas que revela la maravillosa complejidad y orden que subyacen en el tejido del cosmos.

La comprensión de estos principios no solo es una inmersión en la esencia misma de la realidad, sino también un reconocimiento de la continua búsqueda humana de comprensión. A medida que exploramos la profundidad de estos fundamentos, descubrimos que cada respuesta abre la puerta a nuevas preguntas, impulsándonos hacia una búsqueda interminable del conocimiento.

Desde la revolución digital que ha transformado la manera en que nos comunicamos hasta los avances en la medicina que desafían las limitaciones de la salud humana, cada descubrimiento y desarrollo reciente es una ventana abierta hacia el futuro. La inteligencia artificial se convierte en una realidad cotidiana, cómo la nanotecnología redefine la escala de lo posible, y cómo la energía renovable lidera el camino hacia un futuro más sostenible.

No solo destacamos los logros impresionantes de nuestros tiempos, sino que también contemplamos cómo estos avances están moldeando nuestras vidas y alterando el curso de la historia. La velocidad vertiginosa de la innovación nos obliga a reconsiderar constantemente lo que creíamos posible, a anticipar las implicaciones éticas y sociales y a adaptarnos a un paisaje en constante cambio.

Es un viaje a través de las mentes creativas que están llevando a cabo descubrimientos revolucionarios, desde laboratorios de investigación hasta empresas tecnológicas líderes. Cada historia de éxito es un testimonio de la capacidad humana para superar los desafíos y convertir las visiones audaces en realidades palpables.

El estudio no solo se trata de descubrimientos y avances tecnológicos, sino también de cómo estas fuerzas poderosas influyen y transforman la sociedad que habitamos.

Ponemos especial cuidado a la revolución industrial que alteró radicalmente la estructura económica y social, marcando el comienzo de una era de cambios acelerados. Exploramos cómo la tecnología de la información ha creado una red global de interconexión, dando forma a nuevas formas de comunicación y colaboración.

A medida que avanzamos contemplamos cómo la inteligencia artificial y la automatización están transformando el mundo laboral, planteando preguntas cruciales sobre la equidad y la justicia en una sociedad cada vez más digital. Examinamos cómo las redes sociales han influido en la construcción de identidades y relaciones, así como en la forma en que consumimos información.

Si bien la ciencia y la tecnología ofrecen innumerables beneficios, también presentan desafíos éticos y sociales. Desde cuestiones de privacidad en la era digital hasta la equidad en el acceso a la tecnología, cada avance lleva consigo la responsabilidad de abordar las consecuencias no deseadas y garantizar que los beneficios se compartan de manera equitativa.

Al explorar estas interconexiones, estamos equipados para comprender no solo el progreso técnico, sino también cómo moldea la narrativa de nuestra existencia compartida en este vasto y cambiante paisaje.

Desde la bioingeniería que permite modificar la esencia misma de la vida hasta la inteligencia artificial que desafía las barreras entre lo humano y lo artificial, nos enfrentamos a dilemas éticos que exigen una profunda introspección. ¿Cómo equilibramos la búsqueda del conocimiento con la preservación de nuestra humanidad? ¿Qué implica tener el poder de modificar nuestro código genético o crear inteligencias no biológicas?

Exploramos cómo la ética no es solo una preocupación teórica, sino una guía esencial para tomar decisiones informadas y éticamente sólidas en un mundo donde los límites entre la posibilidad y la prudencia están en constante evolución.

Este escrito nos insta a considerar las implicaciones éticas de la inteligencia artificial, desde la toma de decisiones autónoma hasta la privacidad y la discriminación algorítmica. Examinamos cómo las tecnologías emergentes, como la edición genética CRISPR, plantean preguntas fundamentales sobre la intervención humana en la naturaleza.

Al explorar estos temas, nos desafía a ser conscientes de la influencia ética en la investigación y la aplicación de la ciencia y la tecnología. Cada descubrimiento, cada innovación, nos presenta la responsabilidad de considerar el impacto no solo en nuestra generación, sino en las que vendrán.

La innovación y el emprendimiento han sido fuerzas impulsoras detrás de revoluciones tecnológicas, desde la invención de la imprenta hasta el surgimiento de gigantes tecnológicos contemporáneos. "Forjando el Futuro" nos invita a explorar cómo la creatividad y la determinación pueden superar obstáculos aparentemente insuperables, dando forma a industrias enteras y generando soluciones innovadoras para los desafíos más apremiantes.

Desde las empresas emergentes en Silicon Valley hasta laboratorios de investigación pioneros, las historias de aquellos que han desafiado las convenciones y han llevado la ciencia y la tecnología a nuevos horizontes.

Al examinar la intersección entre la ciencia, la tecnología y los negocios, "Innovación y Emprendimiento" también destaca la necesidad de abrazar el riesgo y aprender de los fracasos. Cada revés es una oportunidad para aprender y ajustar el rumbo, una lección que resuena en la historia de los visionarios que han marcado la pauta para las generaciones futuras.

Este capítulo no solo es un homenaje a los pioneros, sino también un llamado a la acción. Nos desafía a cultivar una mentalidad innovadora, a abrazar la curiosidad y a entender que el emprendimiento no solo ocurre en el mundo de los negocios, sino que también es esencial para la evolución constante de la ciencia y la tecnología.

Así, nos embarcamos en la siguiente etapa de nuestro viaje por "Horizontes Infinitos", donde la creatividad y la determinación no solo son valores, sino también motores esenciales que impulsan nuestro impulso colectivo hacia un futuro más audaz y desconocido.

Sostenibilidad y Medio Ambiente: Tejiendo un Futuro Sostenible

Mientras avanzamos por "Horizontes Infinitos", nos encontramos con el capítulo que explora las interacciones cruciales entre la ciencia, la tecnología y la sostenibilidad ambiental. Este viaje nos lleva a comprender cómo nuestras acciones y avances tecnológicos pueden forjar un camino hacia un futuro más equilibrado y respetuoso con el planeta que llamamos hogar.

"Sostenibilidad y Medio Ambiente" nos invita a reflexionar sobre el impacto de nuestras decisiones científicas y tecnológicas en los ecosistemas globales. Desde los desafíos del cambio climático hasta la gestión responsable de los recursos naturales, exploramos cómo la ciencia y la tecnología pueden desempeñar un papel fundamental en la creación de soluciones sostenibles.

Este capítulo destaca los avances en energías renovables, la búsqueda de tecnologías limpias y la innovación en prácticas agrícolas sostenibles. Nos sumergimos en proyectos de conservación que emplean la tecnología para monitorear y preservar la biodiversidad, reconociendo la necesidad de equilibrar el progreso con la responsabilidad ambiental.

Al comprender la interconexión entre la ciencia, la tecnología y la sostenibilidad, también nos enfrentamos a los desafíos éticos y sociales asociados con la explotación indiscriminada de los recursos y la degradación ambiental. Este capítulo es un recordatorio de que la innovación debe ir de la mano con la responsabilidad, y que nuestras elecciones tecnológicas tienen un impacto duradero en el entorno que compartimos.

Así, "Sostenibilidad y Medio Ambiente" nos insta a ser custodios activos de nuestro planeta, reconociendo que la ciencia y la tecnología no solo tienen el poder de transformar nuestro entorno, sino también la responsabilidad de preservarlo para las generaciones venideras. Con esta conciencia, continuamos nuestro viaje hacia "Horizontes Infinitos", donde la sostenibilidad se convierte en un faro que guía nuestras exploraciones científicas

Futuro de la Ciencia y la Tecnología: Entretejiendo las Posibilidades Inexploradas

A medida que avanzamos en "Horizontes Infinitos", nos adentramos en el capítulo que ilumina el futuro, explorando las posibilidades inexploradas que se despliegan ante nosotros. Este es un viaje especulativo y visionario, donde contemplamos cómo la ciencia y la tecnología están modelando un mañana lleno de desafíos emocionantes y oportunidades extraordinarias.

En "Futuro de la Ciencia y la Tecnología", nos sumergimos en las fronteras de la exploración espacial, donde las misiones interplanetarias y la colonización de otros mundos están en el horizonte. Exploramos la fusión de la inteligencia humana con la artificial, especulando sobre cómo la simbiosis entre humanos y máquinas podría redefinir nuestra experiencia y capacidad.

Este capítulo nos invita a considerar el papel de la ciencia y la tecnología en la resolución de los grandes desafíos globales, desde la salud hasta la erradicación de la pobreza. Contemplamos cómo la nanotecnología, la biotecnología y otras disciplinas emergentes podrían converger para crear soluciones innovadoras y transformadoras.

En "Horizontes Infinitos", también reflexionamos sobre la posibilidad de descubrimientos científicos que revolucionen nuestra comprensión del universo, desde la naturaleza de la materia oscura hasta la existencia de vida más allá de nuestro planeta. Imaginamos la convergencia de disciplinas científicas, cada una aportando su perspectiva única para formar un panorama más completo y esclarecedor.

Este capítulo es un viaje hacia la anticipación y la preparación, donde reconocemos que el futuro no es un destino fijo, sino un lienzo en blanco que estamos colectivamente escribiendo con nuestras investigaciones y descubrimientos. En "Futuro de la Ciencia y la Tecnología", nos inspiramos en la capacidad humana para soñar, explorar y alcanzar las estrellas, y nos embarcamos en la última etapa de nuestro viaje por "Horizontes Infinitos".

Científicos y Tecnólogos Destacados: Tras las Huellas de los Visionarios

Dentro de los vastos territorios de "Horizontes Infinitos", nos sumergimos ahora en la exploración de las vidas y contribuciones de aquellos cuyas mentes brillantes han iluminado el camino de la ciencia y la tecnología. Este capítulo rinde homenaje a los visionarios cuyos descubrimientos y innovaciones han transformado la manera en que comprendemos y nos relacionamos con el mundo que habitamos.

Desde los pioneros de la revolución científica hasta los contemporáneos líderes en inteligencia artificial, este capítulo nos lleva tras las huellas de aquellos cuyo ingenio ha desafiado los límites del conocimiento humano. Exploramos las historias de aquellos que, a menudo enfrentando adversidades y desafíos, han dejado una marca indeleble en la historia de la ciencia y la tecnología.

Desde Marie Curie, cuyos descubrimientos en radioactividad revolucionaron la física, hasta Elon Musk, cuya visión audaz impulsa la exploración espacial y la movilidad sostenible, cada perfil destaca la diversidad de mentes creativas que han dado forma a nuestro presente y están moldeando nuestro futuro.

Este capítulo también busca inspirar a las generaciones futuras al resaltar que la ciencia y la tecnología no son simplemente dominios de genios inalcanzables, sino campos en los que la pasión, la perseverancia y la curiosidad pueden abrir puertas a descubrimientos sorprendentes. A través de estas historias, nos conectamos con la humanidad compartida de aquellos que han abrazado el desafío de explorar los "Horizontes Infinitos".

Así, mientras continuamos nuestro viaje, llevamos consigo la inspiración de los pioneros cuyas contribuciones han allanado el camino para el presente y el futuro de la ciencia y la tecnología. Este capítulo es un tributo a la diversidad de mentes brillantes que han elevado a la humanidad hacia nuevos horizontes de comprensión y posibilidad.

Educación y Divulgación Científica: Iluminando Senderos del Conocimiento

En "Horizontes Infinitos", reconocemos que la búsqueda del conocimiento no solo reside en laboratorios y salas de innovación, sino también en aulas y en la comunicación eficaz de la ciencia y la tecnología. Este capítulo destaca la importancia de la educación y la divulgación científica, iluminando senderos del conocimiento para las mentes jóvenes y curiosas.

Exploramos cómo la educación científica proporciona la base para el entendimiento crítico y la capacidad de participar en los avances tecnológicos que dan forma al mundo. Desde las aulas hasta los programas de divulgación en comunidades, este capítulo celebra los esfuerzos para hacer que la ciencia y la tecnología sean accesibles y comprensibles para todos.

Nos sumergimos en la historia de las instituciones educativas que han sido cunas de mentes brillantes y en programas de divulgación que han llevado la emoción de la ciencia a audiencias diversas. Examinamos cómo la educación no solo transmite hechos, sino también fomenta la creatividad, la resolución de problemas y la capacidad de cuestionar, habilidades fundamentales para la participación activa en la sociedad del conocimiento.

Al destacar la importancia de la educación y la divulgación, también nos enfrentamos a los desafíos, como la brecha en la accesibilidad y la necesidad de abordar la desigualdad en la distribución del conocimiento. Este capítulo es un llamado a fortalecer los cimientos de la educación científica y la divulgación, reconociendo que el acceso al conocimiento es un derecho fundamental para todos.

Así, mientras avanzamos en "Horizontes Infinitos", llevamos consigo la comprensión de que la ciencia y la tecnología deben ser compartidas, discutidas y exploradas por personas de todos los ámbitos de la vida. En este capítulo, celebramos no solo la búsqueda del conocimiento, sino también el acto de compartir ese conocimiento, construyendo puentes entre la maravilla y la comprensión en el vasto paisaje de la exploración científica.

Epílogo: Reflexiones sobre el Viaje por "Horizontes Infinitos"

En el epílogo de nuestro viaje por "Horizontes Infinitos", reflexionamos sobre la travesía que emprendimos juntos. Este no es solo un cierre, sino un momento para contemplar las lecciones aprendidas, los descubrimientos que nos maravillaron y las preguntas que persisten en el aire como estrellas titilantes en la vastedad del cosmos.

Hemos explorado los orígenes de la ciencia y la tecnología, desentrañando la historia y evolución que nos llevaron desde la curiosidad primitiva hasta la sofisticación tecnológica actual. Nos sumergimos en los principios fundamentales que gobiernan el universo, desvelando las leyes invisibles que dan forma a nuestra realidad.

Hemos viajado por la historia reciente, explorando los avances que están dando forma al presente y forjando el futuro. Contemplamos el impacto de la ciencia y la tecnología en la sociedad, reflexionando sobre las oportunidades y desafíos que surgen en el camino.

Exploramos la ética y la responsabilidad que acompañan a la innovación, reconociendo que el progreso tecnológico conlleva una carga ética que debe ser llevada con cuidado y consideración. Hemos celebrado la creatividad y la determinación que impulsan la innovación y el emprendimiento, reconociendo que el futuro se escribe con la tinta de mentes audaces y perseverantes.

Hemos mirado hacia la sostenibilidad y el medio ambiente, entendiendo que la ciencia y la tecnología deben ser aliadas en la preservación de nuestro planeta. Hemos especulado sobre el futuro, imaginando posibilidades inexploradas que podrían definir la próxima era de descubrimientos y avances.

Hemos conocido a científicos y tecnólogos destacados, siguiendo las huellas de aquellos cuyas contribuciones han dejado una marca indeleble en la historia de la humanidad. Hemos destacado la importancia de la educación y la divulgación científica, reconociendo que el conocimiento es un faro que debe ser accesible para todos.

Al cerrar este libro, nos despedimos de "Horizontes Infinitos" con la esperanza de que las chispas de la curiosidad y la comprensión que encendimos juntos continúen ardiendo en cada lector. Este viaje no tiene fin; es un llamado constante a explorar, aprender y cuestionar. Que cada página sea un recordatorio de que la ciencia y la tecnología son puertas abiertas a un universo de posibilidades, y que, en la búsqueda del conocimiento, los horizontes siempre se expanden hacia el infinito.

Ciencia: Refiere al método sistemático y metódico de adquirir conocimiento mediante la observación, la experimentación y el análisis de fenómenos naturales. Busca comprender las leyes fundamentales que rigen el universo.

La ciencia representa la disciplina humana dedicada a desentrañar los misterios del universo mediante un enfoque sistemático y metódico. Se basa en el entendimiento de que el conocimiento no es estático, sino que evoluciona a través de la exploración constante y la aplicación rigurosa de métodos específicos. En su esencia, la ciencia se erige como un faro que ilumina las verdades fundamentales que subyacen en la naturaleza y nos permite interpretar el vasto y complejo tejido del cosmos.

La metodología científica abraza la observación atenta, el análisis crítico y la experimentación precisa como sus pilares fundamentales. La observación implica la recopilación sistemática de información sobre fenómenos naturales, desde eventos astronómicos hasta procesos biológicos, con el objetivo de comprender sus patrones y comportamientos inherentes. Esta observación se complementa con el análisis, donde los científicos desentrañan las relaciones entre variables, identifican regularidades y buscan conexiones que revelen la estructura subyacente de la realidad.

La experimentación, por otro lado, constituye un método crucial para poner a prueba hipótesis y validar teorías. A través de experimentos controlados, los científicos manipulan variables específicas para comprender cómo afectan el resultado general, permitiendo así la construcción de modelos y teorías que describen y predicen fenómenos observados. Este enfoque riguroso y estructurado proporciona la base para la construcción del conocimiento científico.

En su búsqueda incesante, la ciencia tiene como objetivo último comprender las leyes fundamentales que rigen el universo. Estas leyes pueden abarcar desde los principios físicos que gobiernan el movimiento de los cuerpos celestes hasta las leyes biológicas que rigen la evolución de las especies. En este sentido, la ciencia no solo aspira a describir los fenómenos naturales, sino también a ofrecer explicaciones fundamentales y prever patrones que permitan una comprensión más profunda de la realidad que nos rodea.

Así, la ciencia se presenta como un viaje continuo, una empresa humana que impulsa la búsqueda inagotable de conocimiento, desafiando constantemente las fronteras del saber establecido y extendiendo sus horizontes hacia el infinito. En su esencia, la ciencia no solo es una herramienta para descubrir, sino también un faro que guía la exploración de los misterios del universo y la comprensión de las leyes que gobiernan nuestra existencia.

Tecnología: Representa la aplicación práctica del conocimiento científico para diseñar, crear y mejorar herramientas, máquinas, sistemas y procesos que satisfacen las necesidades humanas y resuelven problemas.

La tecnología constituye el fruto tangible de la aplicación ingeniosa y práctica del conocimiento científico. Es el medio a través del cual las teorías y descubrimientos científicos se transforman en herramientas, máquinas, sistemas y procesos que tienen un impacto directo en la vida cotidiana, abordando necesidades humanas y resolviendo una amplia gama de problemas. En su esencia, la tecnología es el vehículo que impulsa el progreso, permitiendo a la humanidad navegar por los desafíos y aprovechar las oportunidades que surgen en su evolución continua.

La creación y mejora de herramientas representan uno de los aspectos fundamentales de la tecnología. Desde las herramientas prehistóricas hasta las sofisticadas tecnologías contemporáneas, la capacidad de diseñar y crear instrumentos que amplifiquen la fuerza humana y extiendan nuestras habilidades ha sido esencial para el avance de la civilización. Estas herramientas no solo simplifican tareas cotidianas, sino que también desencadenan innovaciones y transforman la manera en que abordamos los desafíos.

La tecnología no se limita solo a las herramientas; también se manifiesta en la creación de máquinas que automatizan procesos, aumentan la eficiencia y mejoran la productividad. Desde la Revolución Industrial hasta la era actual de la automatización y la inteligencia artificial, las máquinas tecnológicas han sido catalizadoras de cambios significativos en la producción, la comunicación y la movilidad.

Los sistemas tecnológicos representan la integración y coordinación de múltiples componentes para lograr objetivos específicos. Esto abarca desde sistemas de comunicación hasta sistemas de gestión empresarial y sistemas informáticos complejos. La tecnología de sistemas no solo facilita la interconexión de dispositivos y procesos, sino que también permite un enfoque holístico para abordar desafíos complejos.

Los procesos tecnológicos, por otro lado, implican la aplicación de métodos y procedimientos específicos para lograr resultados deseados. Esto puede incluir procesos de manufactura, procesos de desarrollo de software o cualquier serie de pasos coordinados destinados a producir un resultado específico. La tecnología de procesos busca optimizar la eficiencia y la calidad en la producción y creación de bienes y servicios.

En conjunto, la tecnología se convierte en el vehículo a través del cual el conocimiento científico se convierte en acción, transformando nuestras vidas y la sociedad en su conjunto. Desde la rueda hasta la inteligencia artificial, la tecnología representa una fuerza motriz que impulsa la evolución continua de la humanidad, ofreciendo soluciones a los desafíos actuales y abriendo nuevas posibilidades para el futuro.

Los principios fundamentales son los cimientos teóricos y conceptuales que yacen en el corazón de nuestra comprensión de la realidad. Estos son los pilares sobre los cuales se construye el edificio del conocimiento, proporcionando las bases esenciales para explicar los fenómenos observados en el universo. En este contexto, se refiere a las leyes y conceptos básicos que articulan las reglas fundamentales que rigen el comportamiento de la naturaleza.

Un ejemplo paradigmático de estos principios se encuentra en las leyes de la física, como las formuladas por Sir Isaac Newton. Las leyes del movimiento de Newton, por ejemplo, establecen relaciones fundamentales entre la fuerza aplicada a un objeto y su consiguiente movimiento. Estos principios, con su simplicidad y aplicabilidad universal, sirven como un marco conceptual esencial para entender el comportamiento de los cuerpos en el espacio.

La gravedad, otra ley formulada por Newton, es otro ejemplo destacado de un principio fundamental. Esta ley describe la atracción mutua entre dos objetos con masa y su influencia en el movimiento celestial. A través de estos principios, se pueden explicar fenómenos que van desde la caída de una manzana hasta la órbita de los planetas alrededor del sol.

Además de las leyes de la física, los principios fundamentales pueden extenderse a otras disciplinas científicas, como las leyes de la química que rigen las interacciones entre átomos y moléculas, o los principios biológicos que explican los fundamentos de la vida y la evolución.

Estos principios no son estáticos; evolucionan a medida que se expande nuestro conocimiento y se refinan nuestras teorías. Sin embargo, incluso en su evolución, siguen siendo los cimientos esenciales que dan forma a nuestra comprensión del mundo que nos rodea. En última instancia, los principios fundamentales son las verdades universales que, al ser descubiertas y comprendidas, nos permiten interpretar el vasto y complejo tejido de la realidad en sus niveles más fundamentales.

Estos principios fundamentales no solo proporcionan una estructura para la comprensión de la realidad, sino que también ofrecen una guía esencial para la investigación científica y el avance tecnológico. Constituyen las reglas del juego que los científicos, ingenieros y pensadores siguen al explorar lo desconocido y buscar respuestas a preguntas fundamentales.

En la física cuántica, por ejemplo, los principios fundamentales introducen conceptos como la dualidad onda-partícula y la incertidumbre, desafiando nuestras intuiciones clásicas y llevándonos a reevaluar la naturaleza misma de la realidad en las escalas más pequeñas.

Estos principios también han permitido el desarrollo de tecnologías revolucionarias. Las leyes de la termodinámica, fundamentales para entender la transferencia de energía, han impulsado la ingeniería de motores eficientes y la generación de energía. Mientras tanto, los principios de la teoría de la información han allanado el camino para la revolución digital, permitiendo la creación de computadoras y la transferencia de datos a velocidades impresionantes.

Al explorar y comprender estos principios fundamentales, la humanidad ha logrado hazañas asombrosas, desde poner un hombre en la Luna hasta descifrar el código genético humano. Estos logros son testigos de la poderosa influencia que tienen estos conceptos básicos en nuestra capacidad para transformar la teoría en práctica y avanzar en la comprensión de nuestro lugar en el universo.

A medida que la ciencia y la tecnología continúan su marcha hacia adelante, la exploración y comprensión de los principios fundamentales seguirá siendo una tarea esencial. Cada nuevo descubrimiento, cada avance tecnológico, se basa en la sólida base de estos principios, llevándonos más cerca de desentrañar los misterios más profundos de la existencia y permitiéndonos, de manera continua, expandir los límites de nuestro conocimiento. En este viaje incesante, los principios fundamentales son las estrellas que guían nuestra exploración del vasto y complejo cosmos del saber.

Más allá de los laboratorios y las ecuaciones, los principios fundamentales encuentran su aplicación práctica en nuestra vida cotidiana, influyendo en aspectos tan diversos como la tecnología que utilizamos, las decisiones que tomamos y nuestra comprensión del mundo que nos rodea.

En el diseño de dispositivos tecnológicos, como teléfonos inteligentes y computadoras, se aplican los principios fundamentales de la electrónica y la informática. Las leyes de la electricidad y la teoría de circuitos son esenciales para la creación de sistemas electrónicos eficientes y funcionales.

En la ingeniería de vehículos y sistemas de transporte, los principios fundamentales de la mecánica, como las leyes de Newton, son cruciales. Estos principios son la base para el diseño de automóviles seguros, aviones eficientes y sistemas de propulsión espacial.

La comprensión de los principios fundamentales de la termodinámica guía la generación de energía y el desarrollo de tecnologías sostenibles. Estos principios son esenciales para optimizar la eficiencia en la producción de energía y abordar los desafíos relacionados con el cambio climático.

En las telecomunicaciones y la transmisión de información, los principios fundamentales de la teoría de la información y las ondas electromagnéticas son aplicados. Estos principios son la base de la creación de redes de comunicación eficientes y la transferencia rápida de datos.

En el ámbito de la medicina, la aplicación de principios fundamentales de la biología molecular y la genética impulsa la investigación de tratamientos y terapias personalizadas. La comprensión de estos principios es vital para avances en el diagnóstico y tratamiento de enfermedades.

En la toma de decisiones diarias, los principios fundamentales a menudo influyen en la evaluación de situaciones y la predicción de resultados. Las leyes de causa y efecto, derivadas de principios fundamentales, subyacen en nuestra capacidad para anticipar y comprender las consecuencias de nuestras elecciones.

En el proceso creativo y la resolución de problemas, la aplicación de principios fundamentales permite a ingenieros, científicos y emprendedores encontrar soluciones efectivas y generar innovaciones que transforman la sociedad.

Estos ejemplos resaltan cómo los principios fundamentales, lejos de ser conceptos abstractos, son la fuerza impulsora detrás de la tecnología que usamos, las decisiones que tomamos y los avances que presenciamos en nuestra vida diaria. Nos muestran que la comprensión profunda de estos principios no solo es esencial para los científicos y los ingenieros, sino que también enriquece nuestra apreciación del mundo que nos rodea y nos capacita para participar activamente en una sociedad cada vez más impulsada por la ciencia y la tecnología.

Los avances recientes en ciencia y tecnología representan el vertiginoso progreso que ha caracterizado los tiempos contemporáneos, marcando un período de transformación acelerada en el cual la innovación y el descubrimiento han alcanzado cotas sin precedentes. En este contexto, "avances recientes" engloba una variedad de logros que abarcan desde la comprensión de fenómenos fundamentales hasta la aplicación práctica de estos conocimientos en tecnologías emergentes. Estos avances no solo capturan la esencia de la era actual, sino que también delinean el futuro de la ciencia y la tecnología.

Los avances en la inteligencia artificial han sido extraordinarios, desde algoritmos de aprendizaje profundo hasta la creación de sistemas capaces de realizar tareas complejas, como el reconocimiento facial y la traducción automática. Estas tecnologías están remodelando industrias enteras, desde la salud hasta la automoción, y plantean preguntas fundamentales sobre ética y privacidad.

La secuenciación del genoma humano y el desarrollo de técnicas como CRISPR-Cas9 han revolucionado la biología y la medicina. La capacidad de editar genes ofrece posibilidades sin precedentes para tratar enfermedades genéticas y comprender mejor la base molecular de la vida.

Los avances en energías renovables, como la energía solar y eólica, junto con soluciones innovadoras de almacenamiento de energía, están transformando la matriz energética global. Estas tecnologías buscan abordar los desafíos de sostenibilidad y cambiar la forma en que obtenemos y utilizamos la energía.

La computación cuántica ha pasado de ser un concepto teórico a una realidad tangible. Investigadores y empresas están desarrollando computadoras cuánticas que prometen resolver problemas actualmente intratables para las computadoras clásicas, lo que podría tener un impacto significativo en campos como la criptografía y la simulación molecular.

Los avances en neurociencia han llevado al desarrollo de interfaces cerebro-computadora, permitiendo la comunicación directa entre el cerebro y dispositivos electrónicos. Estas tecnologías tienen el potencial de transformar la forma en que interactuamos con la tecnología y ofrecen nuevas esperanzas para aquellos con discapacidades neuromusculares.

La exploración espacial ha experimentado un resurgimiento, con misiones a Marte, la Luna y más allá. Además, se están explorando conceptos de colonización espacial, abriendo nuevas posibilidades para el futuro de la humanidad más allá de las fronteras terrestres.

La interconexión de dispositivos a través del Internet de las Cosas (IoT) se ha expandido, transformando la forma en que interactuamos con nuestro entorno. La implementación de redes 5G está proporcionando velocidades de conexión sin precedentes, impulsando la conectividad y la comunicación a niveles más sofisticados.

Estos avances recientes destacan la velocidad vertiginosa a la que la ciencia y la tecnología están evolucionando, influyendo en la sociedad en su conjunto. Desde revolucionar la forma en que procesamos información hasta redefinir las posibilidades en medicina y energía, estos logros reflejan un impulso constante hacia horizontes inexplorados y despiertan la imaginación en torno a lo que el futuro aún puede ofrecer. La ciencia y la tecnología contemporáneas son motores de cambio que están dando forma al presente y sentando las bases para un mañana aún más emocionante.

La biotecnología ha experimentado un avance significativo con el desarrollo de vacunas modernas basadas en ARN mensajero, como las utilizadas para combatir la pandemia de COVID-19. Estas tecnologías no solo han demostrado ser eficaces en tiempos récord, sino que también abren nuevas posibilidades para el tratamiento de enfermedades y la prevención de infecciones.

Los avances en realidad virtual y aumentada están transformando la forma en que interactuamos con el entorno digital y físico. Desde aplicaciones de entretenimiento hasta aplicaciones en el ámbito educativo y empresarial, estas tecnologías ofrecen experiencias inmersivas que redefinen la interacción humana con la tecnología.

La tecnología blockchain, popularizada por las criptomonedas como Bitcoin, ha introducido nuevos paradigmas en la seguridad y la descentralización de transacciones financieras. Estas innovaciones están alterando los modelos tradicionales de servicios financieros y planteando preguntas sobre el futuro de la economía digital.

Los avances en medicina genómica y tecnologías de diagnóstico están allanando el camino para la medicina personalizada. La capacidad de adaptar tratamientos y terapias según la genética individual de un paciente promete una atención médica más efectiva y centrada en el individuo.

Los sistemas autónomos, desde vehículos hasta drones y robots industriales, están evolucionando rápidamente. Estos avances buscan mejorar la eficiencia, la seguridad y la capacidad de realizar tareas complejas sin intervención humana directa.

En la escala nanométrica, la nanotecnología está permitiendo la manipulación y el diseño de materiales a nivel molecular. Desde aplicaciones en medicina hasta avances en la fabricación de materiales, la nanotecnología está abriendo nuevos caminos en la ciencia de los materiales.

La investigación en energía nuclear ha llevado a desarrollos en reactores más seguros y eficientes, así como a explorar nuevas formas de generación de energía, como la fusión nuclear. Estos avances tienen el potencial de cambiar radicalmente la forma en que obtenemos y utilizamos la energía.

La integración de tecnologías inteligentes en entornos urbanos y hogares, conocida como inteligencia ambiental, está siendo utilizada para optimizar el consumo de recursos, mejorar la eficiencia energética y abordar los desafíos de la sostenibilidad.

Estos avances representan solo una fracción de la rica paleta de descubrimientos y desarrollos que definen la era contemporánea. La rápida sucesión de innovaciones en estos campos no solo refleja la capacidad humana para superar barreras y desafíos, sino que también plantea preguntas importantes sobre la ética, la equidad y el impacto a largo plazo de estas tecnologías en la sociedad. En conjunto, estos avances recientes revelan un panorama en constante evolución, impulsado por la curiosidad humana y la búsqueda incansable de conocimiento y progreso.

A medida que celebramos estos avances recientes, también nos enfrentamos a desafíos cruciales y reflexiones profundas. La rapidez de la innovación plantea interrogantes éticos, sociales y filosóficos que demandan nuestra atención colectiva.

El despliegue creciente de inteligencia artificial plantea cuestionamientos éticos sobre la toma de decisiones autónoma y la responsabilidad en casos de malentendidos o decisiones erróneas. Abordar estos dilemas implica desarrollar marcos éticos sólidos y establecer normas que guíen el desarrollo y uso de estas tecnologías.

A medida que la tecnología se integra más profundamente en nuestras vidas, la preocupación por la privacidad y la seguridad de los datos se intensifica. El acceso y la gestión adecuada de la información personal se vuelven imperativos para prevenir abusos y proteger la integridad de los individuos.

A pesar de los avances en sostenibilidad, algunas tecnologías emergentes pueden tener un impacto ambiental significativo. La producción y eliminación de dispositivos electrónicos, así como el aumento en la demanda de recursos naturales, plantean desafíos para lograr un equilibrio sostenible.

Aunque la tecnología puede impulsar el progreso, también puede exacerbar las desigualdades. La falta de acceso equitativo a la tecnología, conocida como la brecha digital, crea disparidades en la educación, el empleo y la participación ciudadana.

A medida que la realidad virtual y aumentada se integran en nuestras vidas, surgen preguntas sobre su impacto en la percepción de la realidad y las interacciones humanas. La necesidad de comprender y gestionar estas implicaciones sociales se vuelve esencial para garantizar un uso saludable y ético de estas tecnologías.

A pesar de las promesas de la edición genética, se plantean preocupaciones éticas sobre la manipulación genética en humanos. La necesidad de establecer límites éticos y legales claros para garantizar la responsabilidad y la seguridad en estas prácticas es crucial.

A medida que la exploración espacial avanza, se plantean preguntas sobre la sostenibilidad de estas misiones y su impacto en el entorno espacial. La necesidad de abordar estos desafíos asegura que la exploración espacial se lleve a cabo de manera responsable y sostenible.

La inteligencia ambiental plantea cuestionamientos éticos sobre la recopilación y el uso de datos en entornos urbanos y hogares. La necesidad de desarrollar políticas y estándares éticos garantiza que estas tecnologías contribuyan positivamente a la calidad de vida y la sostenibilidad.

Estos desafíos subrayan la importancia de abordar la innovación con una perspectiva ética y socialmente responsable. A medida que navegamos por el laberinto de la innovación, es crucial considerar no solo el potencial de las tecnologías, sino también sus implicaciones en la sociedad y el medio ambiente. Enfrentar estos desafíos nos exige colaboración global, diálogo continuo y un compromiso constante con valores que aseguren que la ciencia y la tecnología contribuyan positivamente al bienestar humano y al progreso sostenible.

El impacto de los avances científicos y tecnológicos en la sociedad ha sido profundo y multifacético, dando forma a la vida cotidiana, la economía, la cultura y las interacciones humanas de maneras que anteriormente podrían haberse considerado inimaginables. Este tejido complejo de consecuencias, tanto positivas como negativas, refleja la dualidad inherente a la innovación: la capacidad de crear y mejorar, pero también de plantear desafíos y dilemas significativos.

La tecnología ha alterado fundamentalmente la forma en que vivimos nuestras vidas diarias. Desde la manera en que nos comunicamos hasta cómo accedemos a la información, la tecnología ha tejido una red que conecta y simplifica numerosos aspectos de la existencia cotidiana.

La conectividad digital ha revolucionado la forma en que nos comunicamos, permitiendo interacciones instantáneas a escala global. Redes sociales, aplicaciones de mensajería y plataformas de videoconferencia han cambiado la dinámica de las relaciones personales y profesionales.

Aunque la conectividad proporciona beneficios, también plantea preocupaciones sobre la privacidad. La recopilación masiva de datos y la vigilancia electrónica han generado preguntas sobre cómo equilibrar la conveniencia digital con la protección de la privacidad individual.

La tecnología ha sido un motor clave para el crecimiento económico, creando nuevas industrias y transformando modelos comerciales existentes. Sin embargo, la automatización y la inteligencia artificial también plantean desafíos en términos de empleo y equidad económica.

La tecnología ha democratizado el acceso a la información, permitiendo a las personas aprender, investigar y participar en el discurso global. Sin embargo, la brecha digital puede perpetuar desigualdades en el acceso a estas oportunidades informativas.

La influencia de la tecnología en la cultura es evidente en la música, el cine, la literatura y las artes visuales. La creación, distribución y consumo cultural se han transformado, afectando la forma en que las sociedades expresan y consumen su identidad.

Aunque la tecnología ha mejorado la eficiencia en muchos aspectos, también ha contribuido a desafíos ambientales, como la acumulación de desechos electrónicos y la huella de carbono asociada con el desarrollo y uso de tecnologías avanzadas.

La tecnología ha alterado la educación, brindando oportunidades de aprendizaje en línea y personalizado. Sin embargo, también plantea desafíos, como la brecha digital educativa y la necesidad de adaptarse a un mundo laboral en constante evolución.

La digitalización ha dado lugar a nuevos modelos de negocio, desde plataformas de transmisión hasta servicios en la nube. La economía digital ha redefinido la forma en que se ofrecen y consumen bienes y servicios.

El constante flujo de información y la conectividad digital pueden tener implicaciones en la salud mental, dando lugar a problemas como la fatiga digital, la adicción a las redes sociales y la presión constante por la productividad.

Los avances médicos, alimentados por la ciencia y la tecnología, han mejorado la prevención, el diagnóstico y el tratamiento de enfermedades. Esto ha contribuido a un aumento en la esperanza de vida y una mejora general en la calidad de vida.

La tecnología ha transformado la movilidad urbana, desde servicios de viaje compartido hasta avances en vehículos autónomos. Estos cambios impactan la eficiencia del transporte y plantean preguntas sobre la planificación urbana y la sostenibilidad.

La integración de inteligencia artificial en diversas esferas plantea cuestiones éticas, como la toma de decisiones autónoma y la responsabilidad en casos de malentendidos. Estos desafíos requieren un marco ético sólido para guiar el desarrollo y uso de estas tecnologías.

La tecnología ha redefinido la naturaleza del trabajo y la colaboración, con la adopción generalizada del trabajo remoto y nuevas formas de colaboración digital. Esto plantea cuestiones sobre la flexibilidad laboral y la equidad en el empleo.

La conectividad constante ha alterado la percepción del tiempo y espacio, con implicaciones en la forma en que experimentamos eventos, nos relacionamos con el mundo y nos relacionamos con otros.

Estas consecuencias ilustran el impacto profundo y complejo de los avances científicos y tecnológicos en la sociedad. A medida que celebramos los logros y beneficios, también debemos abordar críticamente los desafíos y dilemas éticos que acompañan esta revolución tecnológica para forjar un futuro equitativo, sostenible y centrado en el bienestar humano.

Mientras la sociedad abraza las transformaciones impulsadas por la ciencia y la tecnología, se enfrenta a desafíos contemporáneos y reflexiones cruciales. Este viaje por el mar de posibilidades nos invita a sopesar cuidadosamente las consecuencias de nuestras innovaciones y considerar cómo moldear un futuro que sea tanto progresista como ético.

La acelerada adopción de la educación en línea ha destacado desafíos en la equidad de acceso, la calidad del aprendizaje y la necesidad de adaptar métodos educativos a un entorno digital en constante evolución.

La toma de decisiones autónoma de la inteligencia artificial plantea cuestiones éticas críticas, desde la imparcialidad en los algoritmos hasta la responsabilidad por errores. Se necesita una cuidadosa reflexión para establecer pautas éticas sólidas.

La brecha digital persiste, creando desigualdades en el acceso a la tecnología y oportunidades asociadas. La superación de estas desigualdades se convierte en un imperativo para garantizar una participación equitativa en la sociedad digital.

Las redes sociales han transformado la comunicación y la interacción social, pero también han dado lugar a problemas como la desinformación, la polarización y la afectación de la salud mental. La reflexión sobre el papel y la regulación de estas plataformas es esencial.

A medida que la capacidad de editar genes avanza, surgen preguntas éticas sobre la modificación genética en humanos. La comunidad científica y la sociedad en su conjunto deben abordar cómo y cuándo aplicar estas tecnologías de manera responsable.

El surgimiento de inteligencia artificial creativa plantea interrogantes sobre la originalidad, la autoría y el impacto en las industrias creativas. La ética en la creatividad algorítmica es un terreno en evolución que requiere atención.

La medicina personalizada ofrece avances prometedores, pero también plantea cuestiones sobre la privacidad de los datos genéticos y la equidad en el acceso a tratamientos personalizados. La reflexión ética es esencial para maximizar los beneficios y mitigar los riesgos.

El impulso constante hacia la innovación tecnológica debe ir de la mano con la sostenibilidad. La gestión responsable de recursos, la reducción de desechos electrónicos y la consideración del impacto ambiental son esenciales para un futuro sostenible.

A medida que la realidad virtual y aumentada se integran más en nuestras vidas, surgen desafíos éticos en áreas como la privacidad, la seguridad y la distorsión de la realidad. La sociedad debe abordar estos desafíos para garantizar un uso ético de estas tecnologías.

La automatización plantea preguntas sobre la evolución del trabajo y la necesidad de reentrenamiento y adaptabilidad en la fuerza laboral. La planificación estratégica es crucial para abordar los cambios económicos y sociales asociados con la automatización.

A medida que la inteligencia artificial se vuelve más competente en tareas creativas, surge el debate sobre el papel continuo de la creatividad humana y la relación entre la máquina y el artista. Explorar estos límites plantea cuestiones filosóficas y éticas.

La exploración espacial plantea dilemas éticos relacionados con la conservación del espacio, la prevención de la contaminación espacial y la gestión de los recursos en el cosmos. La cooperación internacional es clave para abordar estos desafíos.

Estos desafíos contemporáneos y reflexiones proporcionan una visión crítica de la intersección entre la ciencia, la tecnología y la sociedad. A medida que navegamos por estas aguas turbulentas, es imperativo adoptar un enfoque equilibrado y ético, trabajando juntos para superar los desafíos y aprovechar los beneficios de la innovación para el bien común.

La ética y la responsabilidad se erigen como faros guía en el desarrollo y aplicación de la ciencia y la tecnología, iluminando el camino hacia decisiones informadas, sostenibles y socialmente beneficiosas. En este viaje intrincado por las aguas turbulentas de la innovación, la consideración de principios morales se convierte en un faro esencial, orientando nuestras acciones hacia un futuro donde la ciencia y la tecnología sirvan al bien común.

La investigación científica debe ser guiada por principios éticos sólidos, incluyendo la integridad, la transparencia y la consideración de posibles consecuencias. La comunidad científica comparte la responsabilidad de garantizar que la búsqueda del conocimiento respete valores fundamentales.

En un mundo interconectado, la protección de la privacidad y los datos personales se vuelve crucial. Las organizaciones y los desarrolladores de tecnología tienen la responsabilidad de salvaguardar la información confidencial y garantizar el consentimiento informado.

La creación de sistemas de inteligencia artificial debe incorporar prácticas de diseño ético que eviten sesgos, discriminen de manera justa y permitan la explicación de decisiones algorítmicas. La ética debe ser intrínseca al desarrollo y despliegue de estas tecnologías.

La edición genética, especialmente en humanos, requiere una profunda reflexión ética y consideración de las implicaciones a largo plazo. La comunidad científica, los reguladores y la sociedad en su conjunto comparten la responsabilidad de establecer límites claros y garantizar un uso responsable.

La equidad en el acceso a la tecnología es un imperativo ético. Abordar la brecha digital y garantizar que todos tengan la oportunidad de beneficiarse de los avances tecnológicos son responsabilidades compartidas por gobiernos, empresas y la sociedad en general.

La innovación debe estar alineada con principios de desarrollo sostenible. La responsabilidad ambiental en la producción y eliminación de tecnologías es esencial para preservar nuestro planeta para las generaciones futuras.

La investigación biomédica, desde estudios clínicos hasta avances en terapias genéticas, exige prácticas éticas que respeten la dignidad humana, garanticen la seguridad de los participantes y contribuyan al bienestar global.

Las empresas que impulsan la innovación tienen la responsabilidad social de considerar el impacto de sus productos y servicios en la sociedad. La transparencia, la equidad y la contribución al bienestar común deben ser elementos clave en la toma de decisiones empresariales.

La implementación de inteligencia ambiental en entornos urbanos y hogares requiere una consideración ética. La recopilación y uso de datos deben equilibrarse con la privacidad y la seguridad, garantizando que estas tecnologías mejoren la calidad de vida de manera ética.

La colaboración internacional en investigación científica y tecnológica es esencial para abordar problemas globales. La responsabilidad de compartir conocimientos y recursos de manera equitativa promueve avances más rápidos y equitativos.

Antes de la implementación de nuevas tecnologías, se debe realizar una evaluación ética de los posibles impactos sociales. La anticipación y mitigación de consecuencias no deseadas son fundamentales para la toma de decisiones responsables.

La comunicación científica debe guiarse por la precisión y la transparencia. Los científicos y comunicadores tienen la responsabilidad de presentar información de manera comprensible y evitar la exageración o distorsión.

A medida que la tecnología evoluciona, la evaluación continua de los riesgos y beneficios se vuelve esencial. La sociedad tiene la responsabilidad de adaptarse a nuevos conocimientos y ajustar en consecuencia políticas y regulaciones.

La ética en la investigación exige la promoción de la diversidad y la inclusividad. La representación equitativa en equipos de investigación garantiza perspectivas diversas y resultados más completos y justos.

La formación ética de científicos y tecnólogos es crucial. La educación que enfatiza la responsabilidad social y ambiental garantiza que los profesionales de la ciencia y la tecnología contribuyan positivamente a la sociedad.

La ética y la responsabilidad, como timones en el viaje de la innovación, nos exigen considerar no solo el alcance de nuestras capacidades, sino también las implicaciones éticas y sociales de nuestras acciones. En este compromiso constante con la ética y la responsabilidad, construimos un camino hacia un futuro donde la ciencia y la tecnología no solo deslumbren con su brillantez, sino que también iluminen el camino hacia un mundo más justo, equitativo y sostenible.

En la travesía hacia un futuro guiado por la ética y la responsabilidad, es imperativo que la sociedad en su conjunto se involucre activamente. Este compromiso colectivo se convierte en el cimiento sobre el cual construir una senda hacia la innovación que no solo deslumbre con su capacidad, sino que también refleje los valores fundamentales de la humanidad.

La educación ética debe ser un pilar fundamental desde las etapas iniciales del aprendizaje. Inculcar principios morales y la importancia de la responsabilidad en la exploración científica y tecnológica sienta las bases para futuros profesionales y ciudadanos conscientes.

La comunidad internacional debe comprometerse en un diálogo continuo para establecer normativas éticas que trasciendan fronteras. La diversidad de perspectivas y contextos culturales enriquecerá la creación de estándares éticos globales.

La participación ciudadana informada en la toma de decisiones científicas y tecnológicas es esencial. Garantizar que las voces de la sociedad civil sean escuchadas contribuye a decisiones más equitativas y a la identificación de preocupaciones éticas específicas.

Implementar auditorías éticas y sociales en el desarrollo de tecnologías ofrece una vía para evaluar continuamente el impacto de las innovaciones. Estos procesos permiten ajustes y correcciones que respondan a las cambiantes dinámicas sociales y éticas.

Fomentar la colaboración entre disciplinas, incluyendo ética, filosofía, ciencias sociales y tecnología, enriquece el proceso de toma de decisiones. Las perspectivas interdisciplinarias ayudan a abordar las complejidades éticas de manera más completa.

Las empresas deben integrar la ética en sus prácticas comerciales y estrategias de desarrollo. La responsabilidad social empresarial y la consideración de prácticas sostenibles deben ser aspectos centrales de la cultura corporativa.

Garantizar un acceso equitativo a los beneficios de la tecnología es esencial. Iniciativas que aborden la brecha digital y promuevan la inclusión aseguran que los frutos de la innovación se distribuyan de manera justa.

Establecer comités de ética para supervisar el desarrollo y despliegue de sistemas de inteligencia artificial es crucial. Estos comités pueden evaluar posibles sesgos, riesgos y asegurar que la IA sirva al bien común.

La transparencia en la investigación científica fortalece la confianza en la comunidad científica. Compartir datos, métodos y resultados de manera abierta facilita una evaluación ética y garantiza la reproducibilidad de los estudios.

La medicina y la biotecnología deben someterse a evaluaciones éticas continuas. El rápido avance en estas áreas exige una revisión constante de prácticas para asegurar que se respeten los principios morales y los derechos de los individuos.

La implementación de inteligencia ambiental debe ir acompañada de la creación de entornos éticos. Esto implica consideraciones sobre la privacidad, la seguridad y el uso responsable de datos en el desarrollo de ciudades y hogares inteligentes.

La exploración espacial debe regirse por principios éticos. La protección de la integridad del espacio y la colaboración internacional son fundamentales para garantizar que la exploración cósmica sea sostenible y respetuosa.

La enseñanza de la ética digital y la responsabilidad en el uso de tecnologías digitales debe ser una parte integral del currículo educativo. Los jóvenes deben comprender las implicaciones éticas de su participación en la era digital.

Las tecnologías emergentes deben someterse a evaluaciones éticas rigurosas antes de su implementación. Esto implica anticipar posibles impactos sociales, ambientales y éticos para tomar decisiones informadas.

La ética no es estática, sino un proceso continuo de reflexión y adaptación. La sociedad debe comprometerse activamente con la revisión ética y la adaptación de prácticas a medida que evoluciona la ciencia y la tecnología.

Este compromiso colectivo con la ética y la responsabilidad establece el rumbo hacia un futuro donde la innovación y el progreso no solo se midan por logros técnicos, sino por su contribución al bienestar humano, la justicia social y la preservación del planeta. Al abrazar estos principios fundamentales, forjamos una senda hacia una era donde la ciencia y la tecnología se convierten en fuerzas poderosas para el bien común.

Implica la introducción de nuevas ideas, productos y servicios que generan cambios positivos en la sociedad. El emprendimiento se refiere a la capacidad de convertir estas ideas innovadoras en acciones concretas, fomentando el progreso.

6. Innovación y Emprendimiento: ◦ Implica la introducción de nuevas ideas, productos y servicios que generan cambios positivos en la sociedad. El emprendimiento se refiere a la capacidad de convertir estas ideas innovadoras en acciones concretas, fomentando el progreso.

La innovación y el emprendimiento son las fuerzas motrices que impulsan el progreso de la sociedad, tejiendo un tapiz dinámico de nuevas ideas, productos y servicios que transforman positivamente nuestro mundo. Al explorar estas dimensiones, descubrimos cómo la creatividad y la acción se entrelazan para generar cambios significativos y forjar un camino hacia un futuro vibrante.

La creatividad es el catalizador fundamental de la innovación. La capacidad de imaginar, cuestionar y pensar de manera no convencional abre la puerta a nuevas posibilidades y soluciones innovadoras.

La innovación no se limita a la conceptualización; requiere la transición de la idea a la acción. El emprendimiento implica la habilidad de convertir visiones innovadoras en proyectos tangibles que impacten positivamente a la sociedad.

El emprendimiento social va más allá del beneficio financiero, centrándose en abordar desafíos sociales y medioambientales. Empresas y emprendedores sociales buscan soluciones sostenibles que generen un impacto positivo y duradero.

Las empresas innovadoras cultivan una cultura que fomenta la creatividad y la experimentación. Invertir en la capacidad de adaptación, la toma de riesgos calculados y la valoración de nuevas ideas impulsa la innovación continua.

La tecnología actúa como facilitadora clave de la innovación. Desde avances en inteligencia artificial hasta desarrollos en biotecnología, la aplicación inteligente de la tecnología impulsa el progreso en diversos campos.

Las startups, con su agilidad y enfoque disruptivo, desafían el status quo y abren nuevas fronteras de posibilidad. Estos emprendimientos a menudo introducen innovaciones que transforman industrias enteras.

La colaboración entre emprendedores e investigadores acelera el camino desde la investigación académica hasta la implementación práctica. Esta sinergia impulsa la transferencia de conocimientos y la creación de soluciones innovadoras.

El acceso a financiamiento es crucial para convertir ideas innovadoras en realidades tangibles. Mecanismos como inversiones de capital de riesgo y subvenciones respaldan la investigación y el desarrollo necesarios para la innovación.

La inclusividad en el emprendimiento asegura que una variedad de voces y perspectivas contribuyan a la innovación. La diversidad en equipos emprendedores impulsa la creatividad y mejora la viabilidad de las soluciones propuestas.

La innovación abierta implica colaborar con actores externos, como otras empresas, instituciones académicas o comunidades, para impulsar la creatividad y acceder a diversas habilidades y conocimientos.

El desarrollo de ecosistemas de innovación implica la creación de entornos donde la colaboración, la experimentación y el intercambio de ideas prosperen. Ciudades y regiones que fomentan estos ecosistemas se convierten en centros de innovación.

La innovación no se limita a productos; también se extiende a modelos de negocio. La adopción de enfoques innovadores en la forma en que se ofrecen y consumen bienes y servicios impulsa cambios significativos.

El emprendimiento y la innovación requieren una mentalidad de aprendizaje continuo y adaptabilidad. La disposición para ajustarse según las retroalimentaciones y las condiciones cambiantes es esencial para el éxito a largo plazo.

La innovación en educación transforma la forma en que aprendemos y enseñamos. El desarrollo de métodos educativos creativos y adaptativos prepara a las generaciones futuras para abrazar el cambio y la innovación.

La ética y la responsabilidad deben ser pilares en la innovación. Considerar las implicaciones éticas de nuevas tecnologías y enfoques garantiza que la innovación contribuya positivamente a la sociedad.

Al entrelazar la creatividad, el emprendimiento y la ética, damos forma a un futuro donde la innovación no solo es sinónimo de avance, sino también de prosperidad compartida. En este tejido dinámico de ideas transformadoras, la sociedad avanza hacia horizontes más prometedores y sostenibles.

Emprendimiento e Innovación: Forjando el Futuro de Posibilidades Infinitas

En el tejido dinámico de emprendimiento e innovación, cada hilo representa una oportunidad para forjar un futuro de posibilidades infinitas. Este viaje, impulsado por la creatividad y la acción audaz, nos lleva a explorar cómo estas fuerzas se entrelazan para transformar ideas en realidades y catalizar cambios significativos en la sociedad.

Sostenibilidad como Pilar Central:

La sostenibilidad se convierte en un pilar central de la innovación y el emprendimiento. La creación de soluciones que equilibren el progreso con la responsabilidad ambiental se vuelve esencial para abordar los desafíos globales.

Emprendimiento Cultural:

El emprendimiento cultural da vida a nuevas expresiones artísticas, formas de entretenimiento y narrativas. Este enfoque creativo contribuye no solo a la diversidad cultural, sino también al crecimiento económico en el sector creativo.

Innovación en Salud y Bienestar:

La innovación en salud y bienestar impulsa avances en tratamientos médicos, tecnologías de salud digital y enfoques preventivos. Emprendedores y científicos colaboran para mejorar la calidad de vida y la accesibilidad a la atención médica.

Economía Circular:

La economía circular se integra en modelos empresariales innovadores que minimizan el desperdicio y maximizan la reutilización de recursos. Este enfoque sostenible redefine la relación entre producción, consumo y conservación ambiental.

Creatividad en la Era Digital:

La creatividad en la era digital explora nuevas formas de expresión artística, narración de historias y entretenimiento. Plataformas digitales y tecnologías emergentes ofrecen un lienzo ilimitado para la creatividad humana.

Emprendimiento Femenino:

El emprendimiento femenino desempeña un papel crucial en la diversificación de perspectivas y la creación de soluciones innovadoras. Apoyar y fomentar el emprendimiento liderado por mujeres contribuye a la equidad de género en el ámbito empresarial.

Desarrollo de Ciudades Inteligentes:

La innovación en el desarrollo de ciudades inteligentes busca mejorar la eficiencia, la sostenibilidad y la calidad de vida. Tecnologías como el Internet de las cosas (IoT) y la analítica de datos transforman la forma en que vivimos en entornos urbanos.

Innovación en Energías Renovables:

La innovación en energías renovables impulsa la transición hacia fuentes de energía más limpias y sostenibles. Emprendedores y científicos colaboran para desarrollar tecnologías que aborden los desafíos energéticos globales.

Gamificación y Aprendizaje:

La gamificación transforma la educación y el desarrollo personal al incorporar elementos lúdicos en experiencias de aprendizaje. Este enfoque innovador motiva y compromete a los participantes de manera única.

Innovación en la Industria Alimentaria:

La innovación en la industria alimentaria busca abordar desafíos como la seguridad alimentaria, la sostenibilidad y la nutrición. Emprendedores desarrollan tecnologías y prácticas que revolucionan la producción y el consumo de alimentos.

Emprendimiento Juvenil:

El emprendimiento juvenil fomenta la creatividad y el espíritu empresarial desde temprana edad. Programas educativos y oportunidades para jóvenes emprendedores cultivan habilidades cruciales para el futuro.

Inteligencia Artificial Ética:

La integración de inteligencia artificial ética implica desarrollar algoritmos y sistemas que respeten principios morales y derechos humanos. Esta innovación busca mitigar sesgos y garantizar la equidad en las decisiones algorítmicas.

Innovación en la Movilidad:

La innovación en la movilidad aborda la eficiencia y sostenibilidad en el transporte. Desde vehículos eléctricos hasta soluciones de movilidad compartida, emprendedores están transformando la forma en que nos desplazamos.

Emprendimiento Rural:

El emprendimiento rural impulsa el desarrollo económico en áreas menos urbanizadas. Iniciativas que fomentan la innovación en la agricultura, el turismo y los servicios locales contribuyen a la sostenibilidad de las comunidades rurales.

Ética en la Inteligencia Artificial Creativa:

La ética en la inteligencia artificial creativa se convierte en un componente esencial. A medida que las máquinas participan en procesos creativos, se plantean preguntas sobre originalidad, propiedad intelectual y responsabilidad en la creación.

Este tapiz vibrante de emprendimiento e innovación se teje con la colaboración, la creatividad y la responsabilidad. A medida que exploramos estas dimensiones, nos damos cuenta de que el futuro no está predeterminado, sino que se moldea a través de la creatividad audaz y el emprendimiento visionario. En cada hilo, yace la promesa de un mañana donde las posibilidades son tan infinitas como la imaginación humana.

Sostenibilidad y Medio Ambiente:

Explora la capacidad de la ciencia y la tecnología para abordar los desafíos medioambientales y crear soluciones sostenibles que equilibren el progreso con la conservación y la preservación del entorno.

Sostenibilidad y Medio Ambiente: Un Compromiso Vital para el Futuro

En la intersección de la ciencia y la tecnología surge un imperativo crucial: la capacidad de abordar los desafíos medioambientales y forjar soluciones sostenibles. Este compromiso vital con la sostenibilidad no solo busca equilibrar el progreso con la conservación, sino también preservar nuestro entorno para las generaciones futuras. Al explorar esta dimensión, nos adentramos en un viaje donde la innovación se convierte en la clave para un futuro ambientalmente consciente.

Ciencia para la Conservación:

La ciencia para la conservación utiliza metodologías avanzadas para comprender y preservar la biodiversidad. Desde la monitorización de especies hasta la restauración de ecosistemas, la ciencia desempeña un papel vital en la protección de la vida silvestre y los hábitats.

Tecnologías Limpias y Energías Renovables:

Las tecnologías limpias y las energías renovables lideran la carga hacia un futuro energético sostenible. La innovación en paneles solares, turbinas eólicas y almacenamiento de energía contribuye a reducir la dependencia de fuentes no renovables.

Gestión Inteligente de Residuos:

La gestión inteligente de residuos utiliza tecnologías como la inteligencia artificial y sensores para optimizar la recolección, clasificación y tratamiento de residuos. Este enfoque reduce la contaminación y promueve la economía circular.

Agricultura Sostenible y Tecnología:

La agricultura sostenible se beneficia de la tecnología para mejorar la eficiencia en el uso de recursos, minimizar el impacto ambiental y garantizar la seguridad alimentaria. La aplicación de sensores, drones y técnicas de precisión redefine la agricultura moderna.

Monitoreo Ambiental:

Las tecnologías de monitoreo ambiental permiten la recopilación de datos en tiempo real sobre la calidad del aire, el agua y la biodiversidad. Estos datos son fundamentales para la toma de decisiones informadas y la respuesta a eventos ambientales.

Conservación Marina y Tecnología:

La conservación marina se beneficia de la tecnología para el monitoreo de océanos, la identificación de especies y la mitigación de la contaminación. Innovaciones como los vehículos submarinos autónomos amplían nuestra comprensión y capacidad de preservar los ecosistemas marinos.

Arquitectura Sostenible:

La arquitectura sostenible utiliza diseño e innovación para minimizar el impacto ambiental de los edificios. Materiales reciclados, eficiencia energética y diseño orientado al entorno son componentes clave en la creación de espacios sostenibles.

Tecnologías para la Conservación del Agua:

Las tecnologías para la conservación del agua abordan la escasez hídrica y la gestión eficiente de recursos hídricos. Sistemas de monitoreo, purificación y reciclaje contribuyen a la preservación de este recurso vital.

Inteligencia Artificial en la Preservación Ambiental:

La inteligencia artificial se utiliza para analizar grandes conjuntos de datos y modelar patrones en la preservación ambiental. Desde la identificación de áreas de conservación hasta la predicción de cambios climáticos, la IA potencia la toma de decisiones informadas.

Desarrollo de Ciudades Sostenibles:

El desarrollo de ciudades sostenibles busca integrar tecnologías y prácticas que minimicen la huella ambiental. Diseño urbano inteligente, transporte público eficiente y energías renovables son elementos esenciales en la construcción de entornos urbanos sostenibles.

Biotecnología para la Restauración Ambiental:

La biotecnología contribuye a la restauración ambiental mediante técnicas como la ingeniería genética de plantas y microorganismos. Estas innovaciones aceleran la recuperación de ecosistemas degradados.

Movilidad Sostenible:

La movilidad sostenible se impulsa mediante el desarrollo de vehículos eléctricos, sistemas de transporte compartido y soluciones de movilidad urbana. Estas tecnologías reducen la contaminación y promueven un transporte más eficiente.

Innovación en Materiales Eco-Amigables:

La innovación en materiales eco-amigables busca reemplazar materiales convencionales con opciones sostenibles y biodegradables. Desde envases hasta textiles, estas soluciones contribuyen a reducir la acumulación de desechos.

Geoingeniería Responsable:

La geoingeniería responsable explora enfoques para gestionar el clima y el medio ambiente. Este campo se centra en intervenciones controladas para abordar desafíos climáticos, siempre con consideraciones éticas y precauciones.

Sensibilización Ambiental Digital:

La sensibilización ambiental digital utiliza plataformas en línea, redes sociales y tecnologías interactivas para educar y movilizar a la sociedad en temas ambientales. Estas herramientas amplifican la conciencia y la participación ciudadana.

Este compromiso con la sostenibilidad y el medio ambiente no solo es una necesidad, sino también una oportunidad para transformar nuestra relación con la naturaleza. Al abrazar la innovación y la responsabilidad, trazamos un camino hacia un futuro donde la ciencia y la tecnología se convierten en guardianes de nuestro preciado hogar, la Tierra.

Economía Circular en la Industria:

La economía circular en la industria promueve la reutilización, reparación y reciclaje de productos. Este enfoque redefine los procesos de producción, minimiza los residuos y contribuye a la sostenibilidad a lo largo de la cadena de suministro.

Tecnologías Verdes en la Construcción:

Las tecnologías verdes en la construcción integran prácticas y materiales sostenibles. Desde sistemas de energía renovable hasta diseño bioclimático, estas innovaciones reducen el impacto ambiental de la industria de la construcción.

Restauración de Ecosistemas con Drones:

La restauración de ecosistemas con drones permite la siembra de semillas, monitoreo de la vegetación y evaluación de la salud de los ecosistemas. Esta aplicación tecnológica acelera los esfuerzos de restauración en áreas de difícil acceso.

Tecnologías para la Captura de Carbono:

Las tecnologías para la captura de carbono buscan reducir las emisiones de gases de efecto invernadero. Desde dispositivos de captura directa hasta soluciones basadas en la naturaleza, estas tecnologías son cruciales para abordar el cambio climático.

Plataformas Digitales para la Conservación:

Las plataformas digitales para la conservación conectan a comunidades, científicos y defensores ambientales. Estas plataformas facilitan la colaboración, la recopilación de datos ciudadanos y la planificación de iniciativas de conservación a nivel global.

Tecnologías para la Descontaminación del Agua:

Las tecnologías para la descontaminación del agua utilizan métodos innovadores para eliminar contaminantes y mejorar la calidad del agua. Filtración avanzada, purificación con energía solar y sistemas de tratamiento biológico son ejemplos destacados.

Monitoreo Satelital para la Conservación:

El monitoreo satelital para la conservación proporciona datos precisos sobre cambios en el uso del suelo, deforestación y dinámicas ambientales. Estos datos son esenciales para la planificación y ejecución de estrategias de conservación a gran escala.

Agricultura de Precisión:

La agricultura de precisión utiliza tecnologías como sensores, drones y sistemas de información geográfica para optimizar la gestión de cultivos. Este enfoque aumenta la eficiencia y reduce el impacto ambiental de la agricultura.

Tecnologías para la Conservación del Suelo:

Las tecnologías para la conservación del suelo buscan prevenir la erosión, mejorar la salud del suelo y promover prácticas agrícolas sostenibles. Técnicas como la agroforestería y la rotación de cultivos son clave en este esfuerzo.

Blockchain para la Transparencia Ambiental:

La tecnología blockchain se utiliza para garantizar la transparencia en prácticas ambientales, como la cadena de suministro sostenible y la compensación de carbono. La inmutabilidad de la cadena de bloques fortalece la integridad de las iniciativas ambientales.

Modelado Climático Avanzado:

El modelado climático avanzado emplea supercomputadoras y algoritmos sofisticados para prever patrones climáticos con mayor precisión. Esta herramienta es esencial para comprender y abordar los impactos del cambio climático.

Innovaciones en Embalajes Sostenibles:

Las innovaciones en embalajes sostenibles buscan reducir el desperdicio de plástico y fomentar la reutilización. Materiales biodegradables, envases compostables y diseños minimalistas están transformando la industria del embalaje.

Tecnologías para la Preservación de Bosques:

Las tecnologías para la preservación de bosques utilizan sensores, imágenes satelitales y análisis de datos para monitorear la salud de los bosques y combatir la deforestación. Estas herramientas son esenciales para la conservación de la biodiversidad.

Energía Oceánica y Mareomotriz:

La energía oceánica y mareomotriz aprovecha la fuerza de las mareas y corrientes para generar electricidad. Estas tecnologías sostenibles tienen un potencial significativo para la producción de energía limpia.

Tecnologías para la Protección de Especies en Peligro:

Las tecnologías para la protección de especies en peligro utilizan rastreo por GPS, monitoreo acústico y análisis genético para conservar y proteger poblaciones amenazadas. Estas herramientas son esenciales en la preservación de la diversidad biológica.

Este compromiso con la sostenibilidad y el medio ambiente no solo es una necesidad, sino también una oportunidad para transformar nuestra relación con la naturaleza. Al abrazar la innovación y la responsabilidad, trazamos un camino hacia un futuro donde la ciencia y la tecnología se convierten en guardianes de nuestro preciado hogar, la Tierra.

Reciclaje Avanzado con Tecnologías Emergentes:

El reciclaje avanzado se beneficia de tecnologías emergentes como la inteligencia artificial y la robótica para clasificar y reciclar materiales de manera más eficiente. Estas innovaciones reducen la contaminación y fomentan la circularidad de los recursos.

Agricultura Vertical y Urbana:

La agricultura vertical y urbana utiliza tecnologías como la iluminación LED, sistemas hidropónicos y automatización para cultivar alimentos en entornos urbanos. Este enfoque sostenible reduce la huella ambiental del suministro de alimentos.

Desarrollo de Materiales Biocompatibles:

El desarrollo de materiales biocompatibles implica la creación de sustancias que son seguras para el medio ambiente y los organismos vivos. Estos materiales encuentran aplicaciones en envases, textiles y productos médicos.

Teledetección para Estudios de Cambio Climático:

La teledetección se utiliza para estudiar el cambio climático mediante la observación remota de la Tierra. Satélites y sensores aéreos proporcionan datos cruciales para evaluar los impactos ambientales y monitorizar tendencias climáticas.

Participación Ciudadana mediante Aplicaciones Ambientales:

Las aplicaciones ambientales permiten la participación ciudadana en la monitorización y conservación del entorno. Ciudadanos pueden informar sobre problemas ambientales, contribuyendo a la recopilación de datos a nivel local.

Diseño Biológico para la Síntesis de Materiales:

El diseño biológico aprovecha microorganismos y procesos biológicos para la síntesis de materiales sostenibles. Esta metodología innovadora reduce la dependencia de procesos químicos intensivos en energía.

Captura Directa de Aire para la Reducción de Carbono:

La captura directa de aire es una tecnología que extrae dióxido de carbono directamente de la atmósfera. Esta herramienta contribuye a la reducción de emisiones y la gestión del exceso de carbono en la atmósfera.

Restauración de Humedales con Tecnología:

La restauración de humedales se beneficia de tecnologías como barreras flotantes y sistemas de purificación para revitalizar estos ecosistemas cruciales. La restauración de humedales contribuye a la biodiversidad y la mitigación de inundaciones.

Desarrollo de Bioplásticos:

El desarrollo de bioplásticos busca reemplazar los plásticos convencionales con alternativas biodegradables y compostables. Estos materiales reducen la contaminación por plásticos y fomentan prácticas más sostenibles.

Innovación en Transporte Sostenible:

La innovación en transporte sostenible incluye avances en vehículos eléctricos, transporte público eficiente y soluciones de movilidad compartida. Estas tecnologías buscan reducir las emisiones y mejorar la eficiencia en el desplazamiento.

Evaluación del Ciclo de Vida en Productos:

La evaluación del ciclo de vida analiza el impacto ambiental de un producto desde la extracción de materias primas hasta su disposición final. Esta metodología informa decisiones de diseño y consumo más sostenibles.

Modelos de Simulación para Ecosistemas:

Los modelos de simulación permiten comprender y prever dinámicas en ecosistemas complejos. Estas herramientas son esenciales para la planificación de conservación y la evaluación de impactos ambientales.

Energía a partir de Residuos:

La generación de energía a partir de residuos convierte desechos orgánicos en fuentes de energía renovable. La tecnología de digestión anaeróbica y la incineración controlada son ejemplos de este enfoque sostenible.

Sensores para la Monitorización de Calidad del Aire:

Los sensores de calidad del aire permiten a las comunidades monitorear la contaminación atmosférica de manera precisa. Esta tecnología empodera a las personas para abogar por la mejora de la calidad del aire.

Geoingeniería para la Reflectividad Solar:

La geoingeniería para la reflectividad solar busca reflejar parte de la radiación solar de vuelta al espacio para mitigar el calentamiento global. Aunque es un campo controvertido, las investigaciones exploran su potencial contribución a la gestión climática.

Este continuo esfuerzo por la sostenibilidad y la preservación ambiental refleja la capacidad transformadora de la ciencia y la tecnología. Al integrar estas innovaciones en nuestra vida cotidiana, avanzamos hacia un futuro donde la coexistencia armoniosa con la naturaleza se convierte en la piedra angular de la prosperidad global.

Futuro de la Ciencia y la Tecnología:

Se refiere a la especulación sobre las direcciones futuras de la investigación científica y el desarrollo tecnológico, explorando posibilidades inexploradas y anticipando cómo estos avances podrían dar forma al mundo venidero.

8. Futuro de la Ciencia y la Tecnología: ◦ Se refiere a la especulación sobre las direcciones futuras de la investigación científica y el desarrollo tecnológico, explorando posibilidades inexploradas y anticipando cómo estos avances podrían dar forma al mundo venidero.

Futuro de la Ciencia y la Tecnología: Navegando Hacia lo Desconocido

En la encrucijada del presente, el horizonte del futuro se extiende ante nosotros, tejido con las posibilidades ilimitadas de la ciencia y la tecnología. Esta sección nos invita a embarcarnos en un viaje especulativo, a explorar las sendas aún no trazadas de la investigación científica y el desarrollo tecnológico. ¿Qué nos depara el mañana? ¿Cómo moldearán estas innovaciones el mundo venidero? Son preguntas que nos animan a mirar más allá de lo conocido y a vislumbrar el futuro con ojos de asombro y anticipación.

Computación Cuántica y la Revolución del Procesamiento:

La computación cuántica promete revolucionar el procesamiento de información. Con la capacidad de manejar vastas cantidades de datos de manera simultánea, este avance tiene el potencial de transformar industrias, desde la investigación farmacéutica hasta la inteligencia artificial.

Exploración del Espacio Profundo y Colonización Planetaria:

La exploración del espacio profundo y la colonización planetaria se perfilan como desafíos y oportunidades del futuro. La humanidad se aventura más allá de los límites de la Tierra, explorando mundos distantes y considerando la posibilidad de establecer presencia humana en otros planetas.

Medicina Personalizada y Terapias Genéticas Avanzadas:

La medicina personalizada y las terapias genéticas avanzadas están en la vanguardia de la revolución médica. La capacidad de adaptar tratamientos a la genética individual abre nuevas fronteras en el tratamiento de enfermedades y la mejora de la salud.

Inteligencia Artificial Generalizada:

La inteligencia artificial generalizada, capaz de realizar tareas cognitivas en múltiples dominios, se vislumbra como un hito en la evolución de la inteligencia artificial. Este desarrollo podría impulsar avances significativos en la automatización y la resolución de problemas complejos.

Nanotecnología y Fabricación a Escala Atómica:

La nanotecnología, la manipulación de materiales a nivel molecular y atómico, promete revolucionar la fabricación. Desde la creación de materiales ultraresistentes hasta la nanofabricación de dispositivos, esta disciplina transformará la forma en que construimos el mundo que nos rodea.

Energía Inagotable: Fusión Nuclear Controlada:

La fusión nuclear controlada, la misma fuerza que impulsa el sol, se postula como una fuente de energía inagotable. Si se logra la estabilidad en la producción de energía mediante la fusión nuclear, podríamos presenciar una revolución en la generación de electricidad.

Internet Cuántico y Comunicaciones Ultra-Seguras:

El internet cuántico, basado en principios cuánticos de entrelazamiento, promete comunicaciones ultra-seguras e inviolables. Esta tecnología podría transformar la seguridad en la transmisión de información sensible.

Realidad Aumentada y Experiencias Inmersivas:

La realidad aumentada y las experiencias inmersivas están dando paso a nuevas formas de interacción con el mundo digital. Desde la educación hasta el entretenimiento, estas tecnologías cambiarán la forma en que experimentamos la realidad.

Biología Sintética y Diseño de Organismos:

La biología sintética abre las puertas al diseño y la creación de organismos con funciones específicas. Este campo podría tener aplicaciones en la producción de medicamentos, la eliminación de contaminantes y la creación de biocombustibles.

Impresión 3D a Escala Macro y Micro:

La impresión 3D, en escalas macro y micro, se proyecta como una revolución en la fabricación. Desde la construcción de edificios hasta la creación de tejidos biológicos, esta tecnología cambiará fundamentalmente la forma en que creamos objetos y estructuras.

Avances en la Neurotecnología y Interfaces Cerebro-Computadora:

Los avances en la neurotecnología y las interfaces cerebro-computadora plantean la posibilidad de conectar directamente la mente humana a sistemas informáticos. Esta convergencia entre cerebro y máquina podría transformar la forma en que interactuamos con la tecnología.

Biorrobótica y Sistemas Biológicos Integrados:

La biorrobótica y los sistemas biológicos integrados exploran la fusión entre la ingeniería robótica y los principios biológicos. Crear robots que imiten funciones biológicas específicas podría tener aplicaciones en la medicina, la exploración y la asistencia en tareas complejas.

Supremacía Cuántica en la Resolución de Problemas:

La supremacía cuántica, la capacidad de las computadoras cuánticas para resolver problemas específicos de manera más eficiente que las computadoras clásicas, podría tener un impacto significativo en campos como la criptografía y la simulación de materiales.

Desarrollo de Materiales con Propiedades Excepcionales:

El desarrollo de materiales con propiedades excepcionales, como la superconductividad a temperatura ambiente, podría abrir la puerta a avances revolucionarios en electrónica, transporte y almacenamiento de energía.

Ética y Gobernanza de la Inteligencia Artificial:

La ética y la gobernanza de la inteligencia artificial se vuelven áreas críticas a medida que la IA desempeña un papel más central en nuestras vidas. La búsqueda de estándares éticos y marcos de regulación se convierte en esencial para garantizar un desarrollo tecnológico responsable.

Este fascinante recorrido por las posibles direcciones futuras de la ciencia y la tecnología nos insta a imaginar un mañana donde los límites de la innovación son tan vastos como el universo mismo. En estas sendas inexploradas, la curiosidad humana y la búsqueda del conocimiento nos impulsarán hacia horizontes que solo podemos comenzar a vislumbrar en la encrucijada del presente y el futuro.

Desarrollo de Terapias para la Longevidad:

El desarrollo de terapias para la longevidad se centra en comprender y ralentizar el proceso de envejecimiento. Avances en la medicina regenerativa, la genómica y la modificación celular pueden abrir nuevas perspectivas para una vida más saludable y prolongada.

Tecnologías de Captura y Almacenamiento de Carbono a Gran Escala:

Las tecnologías de captura y almacenamiento de carbono a gran escala buscan mitigar las emisiones de gases de efecto invernadero. Estos sistemas podrían desempeñar un papel crucial en la lucha contra el cambio climático al capturar el CO_2 generado por diversas fuentes.

Ciudades Inteligentes y Sostenibles:

Las ciudades inteligentes y sostenibles utilizan la tecnología para mejorar la calidad de vida de los habitantes, optimizar el uso de recursos y reducir la huella ambiental. Sensores, análisis de datos y la conectividad impulsan la eficiencia urbana.

Teletransportación Cuántica de Información:

La teletransportación cuántica de información es un concepto teórico que implica la transferencia instantánea de estados cuánticos entre partículas. Aunque en las etapas iniciales de investigación, podría tener aplicaciones en comunicaciones cuánticas seguras.

Exploración y Explotación de Recursos Espaciales:

La exploración y explotación de recursos espaciales se considera una posibilidad futura para satisfacer las crecientes demandas de recursos en la Tierra. La minería en asteroides y la extracción de minerales en la Luna son áreas de interés en este contexto.

Ingeniería Climática para Mitigar el Cambio Climático:

La ingeniería climática busca intervenir en los sistemas climáticos para mitigar el cambio climático. Propuestas como la dispersión de partículas en la estratosfera para reflejar la luz solar plantean desafíos éticos y técnicos que requerirán una cuidadosa consideración.

Interconexión Cerebral para la Comunicación Directa:

La interconexión cerebral para la comunicación directa entre individuos es una posibilidad explorada en la investigación de interfaces cerebro-computadora avanzadas. Imaginar la transmisión de pensamientos y emociones directamente entre mentes es un territorio fascinante pero complejo.

Tecnologías para el Control de Pandemias:

Las tecnologías para el control de pandemias se centran en sistemas de vigilancia avanzados, vacunas de desarrollo rápido y métodos de tratamiento innovadores. La experiencia de la pandemia global actual impulsa la investigación para mejorar la preparación y respuesta ante amenazas similares.

Ciencia de Datos Cuánticos y Procesamiento de Información:

La ciencia de datos cuánticos y el procesamiento de información cuántica son áreas emergentes que aprovechan los principios de la mecánica cuántica para realizar cálculos más rápidos y complejos. Esto podría revolucionar campos como la criptografía y la simulación molecular.

Integración Ética en el Desarrollo Tecnológico:

La integración ética en el desarrollo tecnológico se vuelve fundamental a medida que avanzamos hacia un futuro cada vez más tecnológico. Consideraciones éticas en la inteligencia artificial, la biotecnología y otras disciplinas son esenciales para garantizar un impacto positivo en la sociedad.

Al contemplar estas futuras direcciones de la ciencia y la tecnología, nos sumergimos en un océano de posibilidades inexploradas. Aunque algunas de estas ideas puedan parecer futuristas o incluso utópicas en el momento presente, la historia nos enseña que la innovación a menudo supera nuestras expectativas más audaces. En este viaje hacia el futuro, la creatividad humana y la búsqueda incansable del conocimiento seguirán siendo los faros que iluminan el camino hacia nuevas fronteras y descubrimientos extraordinarios.

Educación y Divulgación Científica:

Se refiere a la transmisión de conocimiento científico y tecnológico a través de métodos educativos y divulgativos, promoviendo la comprensión pública y fomentando el interés y la participación en estos campos.

Educación y Divulgación Científica: ◦ Se refiere a la transmisión de conocimiento científico y tecnológico a través de métodos educativos y divulgativos, promoviendo la comprensión pública y fomentando el interés y la participación en estos campos.

Educación y Divulgación Científica: Abriendo Puertas al Conocimiento

En el tejido de la sociedad, la educación y la divulgación científica emergen como hilos entrelazados, tejidos con el propósito de iluminar las mentes y despertar la curiosidad innata que yace en cada individuo. Estas prácticas no solo son pilares fundamentales para el avance de la ciencia y la tecnología, sino también puentes que conectan a la sociedad con el vasto y fascinante universo del conocimiento.

Aprendizaje Experiencial y Práctico:

La educación científica se enriquece mediante el aprendizaje experiencial y práctico. Experimentos, proyectos y experiencias directas ofrecen a estudiantes de todas las edades la oportunidad de explorar conceptos científicos de manera tangible, fomentando la comprensión profunda.

Plataformas Educativas Digitales Interactivas:

Las plataformas educativas digitales interactivas amplían el acceso a la educación científica. Recursos en línea, simulaciones y contenido multimedia ofrecen experiencias de aprendizaje cautivadoras que trascienden las barreras geográficas y económicas.

Comunicación Clara y Accesible:

La divulgación científica se destaca por una comunicación clara y accesible. Desarrollar habilidades para transmitir ideas complejas de manera comprensible y emocionante es crucial para inspirar interés y participación en la ciencia.

Inclusión y Diversidad en la Ciencia:

Fomentar la inclusión y la diversidad en la ciencia es esencial para construir una comunidad científica más rica y reflexiva. La representación equitativa en todos los niveles, desde la educación hasta la investigación, promueve la innovación y la creatividad.

Actividades Extracurriculares y Clubes Científicos:

Las actividades extracurriculares y los clubes científicos brindan a los estudiantes oportunidades adicionales para explorar sus intereses científicos fuera del aula. Estos espacios fomentan la colaboración, la experimentación y el desarrollo de habilidades prácticas.

Colaboración entre Instituciones Educativas y Empresas:

La colaboración entre instituciones educativas y empresas promueve la aplicación práctica del conocimiento científico. Programas de pasantías, proyectos conjuntos y mentorías conectan el mundo académico con el empresarial, preparando a los estudiantes para desafíos del mundo real.

Eventos Científicos y Ferias de Ciencias:

Eventos científicos y ferias de ciencias ofrecen plataformas para que estudiantes y científicos compartan descubrimientos y proyectos. Estas experiencias no solo promueven el intercambio de conocimientos, sino que también cultivan el entusiasmo por la investigación.

Programas de Mentoría en Ciencia y Tecnología:

Los programas de mentoría en ciencia y tecnología crean conexiones valiosas entre expertos y aprendices. La orientación personalizada y el intercambio de experiencias fortalecen el desarrollo profesional y la formación de habilidades.

Recursos Educativos Adaptativos:

Los recursos educativos adaptativos utilizan tecnologías como la inteligencia artificial para personalizar el aprendizaje según las necesidades individuales. Esta aproximación garantiza que la educación sea inclusiva y efectiva para diversos estilos de aprendizaje.

Participación Activa de la Comunidad:

La participación activa de la comunidad en la educación científica fortalece los lazos entre escuelas, instituciones científicas y la sociedad en general. Talleres comunitarios, charlas y eventos culturales promueven un diálogo continuo sobre la importancia de la ciencia.

Desarrollo de Habilidades de Pensamiento Crítico:

La educación científica busca cultivar habilidades de pensamiento crítico. La capacidad de analizar información, cuestionar suposiciones y evaluar evidencia es esencial no solo en la ciencia, sino en la toma de decisiones informada en todos los aspectos de la vida.

Narrativa Científica y Historias de Descubrimiento:

La narrativa científica y las historias de descubrimiento humanizan la ciencia al resaltar los relatos detrás de los logros. Estas narrativas conectan emocionalmente a las personas con la ciencia, inspirando admiración y respeto por el proceso de investigación.

Aprendizaje Colaborativo y Proyectos Interdisciplinarios:

El aprendizaje colaborativo y los proyectos interdisciplinarios fomentan la colaboración entre estudiantes con diversas habilidades y conocimientos. Estas experiencias replican la realidad del trabajo científico, donde equipos diversos abordan problemas complejos.

Ciencia Ciudadana y Participación Pública:

La ciencia ciudadana y la participación pública involucran a la comunidad en la investigación científica. Ciudadanos contribuyen a la recopilación de datos, la vigilancia ambiental y otros proyectos, fortaleciendo la relación entre la ciencia y la sociedad.

Evaluación Formativa y Retroalimentación Constructiva:

La evaluación formativa y la retroalimentación constructiva en la educación científica permiten un crecimiento continuo. En lugar de centrarse únicamente en calificaciones, estos enfoques destacan el proceso de aprendizaje y brindan orientación para mejorar.

Desarrollo de Competencias en Tecnología:

El desarrollo de competencias en tecnología prepara a los estudiantes para enfrentar desafíos tecnológicos en constante evolución. Habilidades en programación, diseño de software y comprensión de tecnologías emergentes son esenciales en la era digital.

Enfoque Ético en la Investigación y Desarrollo:

Un enfoque ético en la investigación y desarrollo se integra en la educación científica para cultivar una cultura de responsabilidad. Los estudiantes aprenden a considerar las implicaciones éticas de sus decisiones y acciones en el ámbito científico.

Gamificación en la Educación Científica:

La gamificación en la educación científica utiliza elementos de juego para motivar y comprometer a los estudiantes. Plataformas interactivas y juegos educativos transforman el aprendizaje en una experiencia lúdica y envolvente.

Acceso Abierto a Recursos Educativos:

El acceso abierto a recursos educativos garantiza que el conocimiento sea accesible para todos. Publicaciones, materiales de aprendizaje y datos científicos disponibles de manera gratuita promueven la equidad en la educación.

Desarrollo de la Curiosidad y el Pensamiento Creativo:

El desarrollo de la curiosidad y el pensamiento creativo es el corazón de la educación científica. Inspirar a los estudiantes a hacer preguntas, explorar ideas y abrazar la creatividad es fundamental para cultivar la próxima generación de mentes científicas.

Al tejer la educación y la divulgación científica en el tapiz de la sociedad, forjamos un camino iluminado por el conocimiento y la comprensión. Con cada lección aprendida, cada descubrimiento compartido y cada mente encendida con la chispa del interés científico, construimos un futuro donde la ciencia y la tecnología son faros que guían a la humanidad hacia horizontes aún más brillantes.

Creación de Redes Globales de Aprendizaje:

La creación de redes globales de aprendizaje conecta a estudiantes y educadores de todo el mundo. La colaboración internacional en proyectos educativos y el intercambio cultural fortalecen la comprensión global y la cooperación en la resolución de problemas.

Incentivos para la Carrera Científica y Tecnológica:

Los incentivos para la carrera científica y tecnológica son fundamentales para atraer y retener talento en estos campos. Programas de becas, oportunidades de desarrollo profesional y reconocimiento público fomentan la dedicación a la investigación y la innovación.

Alfabetización Científica en Todas las Etapas de la Vida:

La alfabetización científica en todas las etapas de la vida es un objetivo continuo. Desde la educación temprana hasta la formación continua, brindar oportunidades para comprender y apreciar la ciencia asegura una sociedad informada y participativa.

Enfoque Interseccional en la Educación Científica:

Un enfoque interseccional en la educación científica reconoce y aborda las intersecciones de identidades y experiencias. La equidad de género, diversidad étnica y otros aspectos de la interseccionalidad se integran en la enseñanza y la investigación.

Adaptabilidad a la Evolución Tecnológica:

La adaptabilidad a la evolución tecnológica es una habilidad clave impartida en la educación científica. Los estudiantes aprenden a abrazar el cambio, a mantenerse actualizados con las nuevas tecnologías y a aplicar conceptos científicos en entornos tecnológicos cambiantes.

Introducción a la Programación y Pensamiento Computacional:

La introducción a la programación y el pensamiento computacional se incorpora en la educación para equipar a los estudiantes con habilidades esenciales en la era digital. Comprender cómo funcionan los algoritmos y programar fomenta el razonamiento lógico y la resolución de problemas.

Vinculación de la Ciencia con Problemas del Mundo Real:

Vincular la ciencia con problemas del mundo real es un enfoque educativo que conecta teoría y aplicación práctica. Al abordar desafíos actuales, los estudiantes comprenden la relevancia de la ciencia en la solución de problemas globales.

Integración de la Creatividad en la Investigación Científica:

La integración de la creatividad en la investigación científica amplía las posibilidades de descubrimiento. Se alienta a los estudiantes a abordar problemas desde perspectivas innovadoras, fusionando la rigurosidad científica con la libertad creativa.

Desarrollo de Habilidades de Comunicación Científica:

El desarrollo de habilidades de comunicación científica es esencial para compartir descubrimientos de manera efectiva. Aprender a redactar informes, presentar hallazgos y comunicar de manera clara y persuasiva fortalece la influencia de la ciencia en la sociedad.

Estímulo a la Curiosidad a Través de Preguntas Desafiantes:

Estimular la curiosidad a través de preguntas desafiantes es un enfoque pedagógico que invita a los estudiantes a explorar el porqué detrás de los fenómenos. Preguntas abiertas y desafiantes fomentan la indagación y la reflexión.

Desarrollo de Proyectos de Investigación Independiente:

El desarrollo de proyectos de investigación independiente permite a los estudiantes explorar áreas específicas de interés. Este enfoque cultiva la autonomía y la pasión por la investigación desde una edad temprana.

Aprendizaje Basado en Problemas:

El aprendizaje basado en problemas presenta a los estudiantes situaciones prácticas que requieren soluciones científicas. Este método promueve el pensamiento crítico, la colaboración y la aplicación directa de conocimientos a desafíos del mundo real.

Educación en Ciencia Ciudadana:

La educación en ciencia ciudadana incorpora a la comunidad en proyectos de investigación. Este enfoque no solo amplía la capacidad de recopilación de datos, sino que también empodera a las personas para comprender y participar en la ciencia.

Incentivar la Curiosidad a Través de la Experimentación:

Incentivar la curiosidad a través de la experimentación involucra a los estudiantes en la exploración activa. Experimentos prácticos inspiran preguntas, promueven la observación detallada y fomentan la fascinación por la investigación.

Enfoque Holístico en la Enseñanza de Ética Científica:

Un enfoque holístico en la enseñanza de ética científica aborda dilemas éticos en diversas disciplinas. Los estudiantes aprenden a considerar implicaciones éticas en la investigación y a tomar decisiones informadas.

Desarrollo de Habilidades de Colaboración:

El desarrollo de habilidades de colaboración en la educación científica refleja la realidad de la investigación contemporánea. Proyectos grupales y actividades colaborativas preparan a los estudiantes para trabajar eficazmente en equipos multidisciplinarios.

Uso Estratégico de Tecnologías Educativas:

El uso estratégico de tecnologías educativas maximiza su impacto en el aprendizaje. Plataformas interactivas, simulaciones y herramientas de colaboración en línea enriquecen la experiencia educativa y preparan a los estudiantes para entornos tecnológicos.

Evaluación Auténtica del Aprendizaje Científico:

La evaluación auténtica del aprendizaje científico va más allá de los exámenes tradicionales. Proyectos, presentaciones y evaluaciones basadas en la resolución de problemas ofrecen una medida más completa de la comprensión y aplicación del conocimiento.

Promoción de la Resiliencia en el Aprendizaje Científico:

La promoción de la resiliencia en el aprendizaje científico enseña a los estudiantes a enfrentar desafíos y fracasos como oportunidades de aprendizaje. La capacidad de adaptarse y perseverar es esencial en la investigación científica.

Fomento de la Mentalidad de Crecimiento:

El fomento de la mentalidad de crecimiento enfatiza que las habilidades y la inteligencia pueden desarrollarse a través del esfuerzo y la perseverancia. Esta mentalidad promueve la disposición para enfrentar desafíos y abrazar la mejora continua.

Con cada estrategia educativa y enfoque pedagógico, cultivamos un terreno fértil para el florecimiento de mentes científicas brillantes. La educación y la divulgación científica no solo transmiten conocimiento, sino que también siembran las semillas de la curiosidad y el entendimiento, forjando un camino hacia un futuro donde la ciencia ilumina el camino hacia nuevas y emocionantes posibilidades.

2.Principios Fundamentales:

En el vasto y complejo universo de la Ciencia y la Tecnología, el conocimiento se erige sobre los pilares sólidos de los Principios Fundamentales. Estos constituyen la base sobre la cual se construyen las leyes científicas y las teorías esenciales que permiten comprender y explorar la realidad que nos rodea. Asimismo, son los cimientos sobre los cuales la Tecnología edifica sus innovaciones y descubrimientos, dando forma al mundo en el que vivimos.

Leyes Científicas: Los Mandamientos del Universo

Las leyes científicas son los dictámenes inquebrantables que gobiernan el cosmos. Desde las leyes de la termodinámica hasta las leyes de Newton, cada una de ellas revela aspectos esenciales de la naturaleza y su funcionamiento.

Ley de la Gravitación Universal

Descubierta por Sir Isaac Newton, esta ley establece que cada partícula de materia en el universo atrae a cada otra partícula con una fuerza que es directamente proporcional al producto de sus masas e inversamente proporcional al cuadrado de la distancia que las separa. La gravedad, la fuerza invisible que mantiene a los planetas en órbita y a los pies en la tierra, revela la danza cósmica que gobierna nuestro sistema solar.

Leyes de la Termodinámica

Estas leyes rigen el flujo de energía en el universo y establecen límites fundamentales para procesos físicos. Desde la conservación de la energía hasta la inevitable tendencia hacia la entropía, las leyes de la termodinámica son las reglas del juego que ninguna máquina puede eludir. Comprenderlas es abrir la puerta a innumerables posibilidades en la manipulación y aplicación de la energía.

Teorías Esenciales: En el Corazón del Conocimiento

Si las leyes científicas son los mandamientos, las teorías son las epopeyas que narran la historia completa. Desde la teoría de la relatividad de Einstein hasta la teoría cuántica, estas narrativas conceptuales abarcan vastos territorios del conocimiento, revelando la verdadera naturaleza del tiempo, el espacio y la realidad misma.

Teoría de la Evolución de Darwin

En el ámbito biológico, la teoría de la evolución de Darwin es una piedra angular. Esta teoría explica cómo las especies evolucionan a lo largo del tiempo a través de la selección natural, adaptándose a su entorno. Es un relato que conecta la diversidad de la vida en la Tierra, revelando un árbol genealógico que se remonta a miles de millones de años.

Teoría de la Relatividad

Einstein revolucionó nuestra comprensión del espacio y el tiempo con su teoría de la relatividad. Nos mostró que el espacio y el tiempo no son entidades separadas, sino entrelazadas en un tejido llamado espacio-tiempo. Esta teoría ha transformado la física y ha llevado a descubrimientos increíbles, como la predicción de las ondas gravitacionales.

Conceptos Básicos de Tecnología: La Forja del Mañana

Mientras que la ciencia revela los secretos del universo, la tecnología toma esos conocimientos y los transforma en herramientas prácticas que impulsan el progreso humano. En este capítulo, exploraremos algunos conceptos fundamentales que han allanado el camino para la revolución tecnológica.

Inteligencia Artificial

La inteligencia artificial, un campo en constante evolución, busca replicar la inteligencia humana en máquinas. Desde algoritmos de aprendizaje profundo hasta sistemas de procesamiento de lenguaje natural, la IA está cambiando la forma en que interactuamos con el mundo y cómo las máquinas pueden aprender y mejorar por sí mismas.

Nanotecnología

En el reino de lo minúsculo, la nanotecnología juega un papel crucial. Manipulando materia a escala nanométrica, los científicos y los ingenieros están creando materiales y dispositivos con propiedades únicas. Desde la medicina hasta la electrónica, la nanotecnología promete revolucionar múltiples campos.

En este capítulo, nos sumergimos en el fascinante mundo de los Principios Fundamentales que impulsan la Ciencia y la Tecnología. A medida que exploramos las leyes científicas, las teorías esenciales y los conceptos básicos de tecnología, trazamos un horizonte infinito de posibilidades y descubrimientos que continúan expandiendo nuestro entendimiento y nuestra capacidad para transformar el mundo que habitamos.

Innovaciones Revolucionarias: Desafiando los Límites

Las leyes científicas y las teorías esenciales, junto con los conceptos básicos de tecnología, actúan como catalizadores para las innovaciones revolucionarias que desafían constantemente los límites del conocimiento humano.

Ingeniería Genética

En el ámbito biotecnológico, la ingeniería genética ha abierto nuevas posibilidades. Al manipular directamente el material genético de organismos vivos, los científicos están diseñando plantas más resistentes, curando enfermedades genéticas y explorando fronteras éticas en la modificación del ADN humano.

Energías Renovables

La crisis climática ha impulsado la búsqueda de fuentes de energía sostenibles, y las energías renovables han emergido como la respuesta. Desde paneles solares hasta turbinas eólicas, estas tecnologías no solo buscan reducir nuestra dependencia de los combustibles fósiles, sino también preservar el delicado equilibrio de nuestro planeta.

Desafíos Éticos y Sociales: Reflexiones en el Horizonte

A medida que avanzamos hacia un futuro cada vez más tecnológico, no podemos ignorar los desafíos éticos y sociales que surgen. La Ciencia y la Tecnología, poderosas herramientas para el progreso, también llevan consigo la responsabilidad de abordar cuestiones éticas y garantizar que los beneficios se distribuyan equitativamente.

Ética en la Inteligencia Artificial

La inteligencia artificial plantea preguntas cruciales sobre la ética en la toma de decisiones automatizada. ¿Cómo garantizamos que los algoritmos sean imparciales y respeten los derechos fundamentales? Estas cuestiones nos instan a examinar de cerca la relación entre la tecnología y la ética en la era digital.

Impacto Social de las Tecnologías Emergentes

El rápido avance de la tecnología también genera preocupaciones sobre el impacto social. Desde la automatización del trabajo hasta la brecha digital, es imperativo abordar las implicaciones sociales de las innovaciones tecnológicas para construir un futuro inclusivo y equitativo.

Reflexiones Finales: Navegando por Horizontes Infinitos

En este capítulo, hemos explorado los principios fundamentales que subyacen en la Ciencia y la Tecnología. Desde las leyes científicas que gobiernan el universo hasta las teorías esenciales que narran su historia, y desde los conceptos básicos de tecnología hasta las innovaciones revolucionarias, nuestro viaje nos ha llevado a través de un horizonte infinito de conocimiento y posibilidades.

A medida que continuamos explorando y desafiando los límites de la comprensión humana, es esencial recordar que la Ciencia y la Tecnología son herramientas poderosas que deben ser guiadas por valores éticos. Solo a través de una comprensión profunda y un compromiso reflexivo podemos navegar por estos horizontes infinitos hacia un futuro donde la innovación se entrelaza con la responsabilidad, creando un mundo mejor para las generaciones venideras.

Descubrimientos Pioneros: Ampliando el Conocimiento Humano

En la búsqueda continua del conocimiento, los descubrimientos pioneros han sido faros que iluminan el camino hacia nuevas comprensiones y aplicaciones. Desde la secuenciación del genoma humano hasta la observación de agujeros negros, estos hitos científicos han redefinido nuestra percepción del mundo que habitamos.

Explorando el Microcosmos: Física Cuántica

La física cuántica, una rama fascinante de la ciencia, nos ha llevado al corazón del microcosmos. Desafiando la lógica clásica, revela fenómenos extraordinarios en el reino de las partículas subatómicas. A través de experimentos como la dualidad onda-partícula y la teleportación cuántica, estamos desentrañando los misterios de la realidad en escalas diminutas.

Medicina de Precisión

La revolución en la medicina no solo se limita a tratamientos, sino que se extiende a enfoques más personalizados y precisos. La medicina de precisión utiliza información genética y molecular para adaptar tratamientos a las características únicas de cada paciente, promoviendo una atención médica más efectiva y reduciendo efectos secundarios.

Integración Tecnológica: La Era de la Conectividad

En la intersección de la ciencia y la tecnología, la integración tecnológica ha dado lugar a una era de conectividad sin precedentes. La convergencia de dispositivos, datos y comunicación ha transformado radicalmente la forma en que vivimos, trabajamos y nos relacionamos.

Internet de las Cosas (IoT)

La IoT ha tejido una red digital que conecta objetos cotidianos a internet, permitiendo la recopilación y el intercambio de datos en tiempo real. Desde hogares inteligentes hasta ciudades conectadas, la IoT está dando forma a un futuro donde la información se convierte en un recurso clave para la toma de decisiones.

Realidad Aumentada (AR) y Realidad Virtual (VR)

La fusión de lo digital y lo físico ha llevado a la creación de experiencias inmersivas a través de AR y VR. Estas tecnologías no solo han revolucionado la forma en que consumimos entretenimiento, sino que también han encontrado aplicaciones en campos como la medicina, la educación y la industria.

Desafíos Globales: Ciencia y Tecnología como Solución

A medida que enfrentamos desafíos globales como el cambio climático, la escasez de recursos y las amenazas para la salud, la ciencia y la tecnología emergen como soluciones cruciales. La innovación sostenible, la búsqueda de fuentes de energía renovable y el desarrollo de tecnologías para abordar enfermedades son imperativos ineludibles.

Sostenibilidad y Ciencia Ambiental

La ciencia ambiental guía nuestros esfuerzos para comprender y abordar los impactos negativos en nuestro entorno. Investigaciones sobre cambio climático, conservación de la biodiversidad y gestión sostenible de recursos son clave para preservar nuestro planeta para las generaciones futuras.

Biotecnología y Salud Global

La biotecnología, al servicio de la salud global, busca desarrollar tratamientos y vacunas más rápidos y efectivos. La respuesta a pandemias y la mejora de la atención médica a nivel mundial dependen en gran medida de los avances en esta disciplina.

Conclusiones: Un Viaje Sin Fin

El viaje a través de los horizontes infinitos de la Ciencia y la Tecnología es un viaje sin fin. Cada descubrimiento, cada innovación y cada desafío superado nos llevan más allá, hacia un territorio desconocido de posibilidades ilimitadas. Mientras continuamos explorando y desentrañando los misterios del universo, recordemos que en nuestras manos está la responsabilidad de guiar estos avances con sabiduría, ética y el firme propósito de construir un futuro mejor.

Ética en la Investigación y Desarrollo

A medida que la Ciencia y la Tecnología avanzan, la ética en la investigación y desarrollo se convierte en un imperativo moral. Las cuestiones relacionadas con la privacidad, la seguridad y la equidad deben abordarse de manera integral. La transparencia en la investigación y la consideración de las implicaciones éticas son esenciales para garantizar que cada paso hacia adelante sea tomado con responsabilidad.

Ética en la Inteligencia Artificial (IA)

La inteligencia artificial plantea desafíos éticos significativos, desde la toma de decisiones autónoma hasta la posible pérdida de empleo debido a la automatización. Es fundamental establecer estándares éticos para el diseño y la implementación de sistemas de IA, garantizando la equidad, la transparencia y la responsabilidad en su uso.

Privacidad y Seguridad en la Era Digital

El crecimiento exponencial de los datos en la era digital subraya la importancia de la privacidad y la seguridad. La protección de la información personal y la prevención de amenazas cibernéticas son elementos clave que deben integrarse en el desarrollo de nuevas tecnologías.

Ciencia y Arte: Una Alianza Inesperada

La intersección entre la ciencia y el arte ha dado lugar a colaboraciones innovadoras. La visualización de datos, la creación de instalaciones interactivas y la incorporación de elementos científicos en expresiones artísticas no solo enriquecen ambas disciplinas, sino que también ofrecen nuevas formas de comunicar conceptos científicos al público en general.

Ciencia Ciudadana

La participación activa del público en la investigación científica, conocida como ciencia ciudadana, ha aumentado con el advenimiento de la tecnología. La recopilación de datos por parte de ciudadanos comunes contribuye a proyectos científicos a gran escala, fomentando la colaboración y la comprensión compartida.

Horizontes Futuros: La Promesa de la Innovación Continua

El futuro de la Ciencia y la Tecnología se dibuja con promesas fascinantes y desafíos intrigantes. Desde la exploración del espacio hasta la mejora de la inteligencia humana, el siguiente capítulo de nuestra historia está esperando ser escrito por científicos, ingenieros y pensadores visionarios.

Exploración Espacial y Colonización

La búsqueda de vida extraterrestre, la exploración de planetas distantes y la posibilidad de colonización espacial son desafíos y objetivos que entusiasman a la humanidad. La ciencia y la tecnología serán las llaves que abrirán las puertas hacia estos horizontes cósmicos.

Mejora Humana y Ética Transhumanista

La ética transhumanista plantea preguntas sobre la mejora humana a través de la tecnología, desde la ingeniería genética hasta la integración de dispositivos tecnológicos en el cuerpo humano. La discusión sobre los límites éticos y los impactos sociales de estas mejoras será crucial en los años venideros.

Un Llamado a la Acción

En última instancia, la ciencia y la tecnología son herramientas poderosas que, cuando se utilizan con sabiduría, pueden moldear un futuro brillante para la humanidad. El llamado a la acción es claro: fomentar la educación científica, promover la colaboración internacional, abordar los desafíos éticos y sociales y nutrir una cultura de la innovación responsable.

En los horizontes infinitos de la Ciencia y la Tecnología, nuestra capacidad para imaginar, descubrir y crear no tiene límites. El viaje continúa, y en cada paso, encontramos nuevas oportunidades para comprender el universo, mejorar nuestras vidas y preservar el mundo que compartimos.

Colaboración Global: Un Mundo Conectado por la Ciencia

La colaboración global se ha convertido en un pilar esencial en el avance de la Ciencia y la Tecnología. Proyectos internacionales, compartición de datos y la unión de mentes brillantes de diversas culturas y países han ampliado nuestras capacidades de manera exponencial. La ciencia no conoce fronteras, y en la colaboración encontramos la fuerza para abordar los desafíos más apremiantes de la humanidad.

Investigación y Respuestas a Crisis Globales

La ciencia y la tecnología han demostrado ser fundamentales en la respuesta a crisis globales, como pandemias y desastres naturales. La capacidad de compartir información en tiempo real y coordinar esfuerzos a nivel mundial es crucial para mitigar los impactos y desarrollar soluciones efectivas.

Educación Científica para Todos

El acceso a una educación científica de calidad es un derecho fundamental que empodera a las personas y sociedades. En un mundo cada vez más tecnológico, la alfabetización científica no solo es una herramienta para comprender el mundo, sino también un medio para participar activamente en la toma de decisiones informadas.

Sostenibilidad y Ética: Guiando el Futuro

La sostenibilidad y la ética deben ser los pilares sobre los cuales construimos nuestro futuro. Las decisiones científicas y tecnológicas deben evaluarse no solo por su viabilidad técnica, sino también por su impacto en el medio ambiente, la sociedad y las generaciones futuras.

Desarrollo Tecnológico Sostenible

La búsqueda de la sostenibilidad impulsa la innovación en el desarrollo de tecnologías más eficientes y respetuosas con el medio ambiente. Desde la energía renovable hasta los materiales biodegradables, la ciencia y la tecnología están liderando el camino hacia un futuro más sostenible.

Responsabilidad en la Inteligencia Artificial

A medida que la inteligencia artificial evoluciona, la responsabilidad ética se vuelve crucial. Establecer estándares éticos para la creación y el uso de sistemas de inteligencia artificial es esencial para prevenir posibles abusos y garantizar que estos avances tecnológicos beneficien a la humanidad en su conjunto.

La Maravilla de lo Desconocido: Inspirando Nuevas Generaciones

El asombro y la curiosidad son motores poderosos que impulsan la exploración y la innovación. Inspirar a nuevas generaciones a abrazar la ciencia y la tecnología no solo garantiza un flujo constante de mentes creativas, sino que también cultiva una sociedad que valora la investigación y la comprensión del mundo que la rodea.

Educación en Ciencia y Tecnología

Fomentar la educación en ciencia y tecnología desde las etapas iniciales es clave para desbloquear el potencial de jóvenes mentes. La educación práctica, la experimentación y el estímulo del pensamiento crítico son herramientas esenciales para empoderar a las nuevas generaciones.

Narrativas Inspiradoras

Narrar historias que celebren los logros científicos y tecnológicos no solo informa, sino que también inspira. La ciencia y la tecnología pueden parecer inaccesibles, pero a través de relatos cautivadores, podemos mostrar su impacto positivo en la vida cotidiana y motivar a las personas a explorar y contribuir al avance del conocimiento.

Conclusión: Forjando un Futuro de Posibilidades Ilimitadas

En la encrucijada de la ciencia y la tecnología, nos encontramos ante un lienzo en blanco lleno de posibilidades. Cada descubrimiento, cada innovación y cada desafío superado son pinceladas que dan forma a nuestro futuro colectivo. Con responsabilidad, ética y una colaboración global continua, forjamos un camino hacia horizontes aún más vastos y prometedores. El viaje es interminable, y en cada paso, descubrimos no solo los secretos del universo, sino también la verdadera capacidad transformadora de la mente humana.

La Responsabilidad de los Líderes y las Instituciones

A medida que avanzamos hacia horizontes desconocidos, los líderes y las instituciones desempeñan un papel crucial en la orientación de la ciencia y la tecnología hacia el bien común. La toma de decisiones éticas, la promoción de la equidad en el acceso a la innovación y el fomento de la investigación responsable son responsabilidades fundamentales que recaen sobre quienes lideran el camino.

Políticas Científicas y Tecnológicas

El desarrollo de políticas científicas y tecnológicas claras y éticas es esencial para guiar el rumbo de la investigación y la innovación. Los gobiernos y las instituciones deben trabajar en colaboración para establecer marcos normativos que fomenten la creatividad y al mismo tiempo aseguren que los beneficios se distribuyan equitativamente.

Inclusión y Diversidad en la Ciencia

La inclusión y diversidad en la ciencia y la tecnología son imperativos éticos y prácticos. La amplia gama de perspectivas enriquece la investigación y garantiza que los avances beneficien a todas las comunidades. Promover la participación de mujeres y minorías en campos STEM es esencial para construir un futuro más equitativo.

Afrontando Desafíos Éticos Emergentes

A medida que la ciencia y la tecnología avanzan, surgen nuevos desafíos éticos que requieren atención inmediata. Desde la edición genética hasta la inteligencia artificial avanzada, es crucial anticipar y abordar estos dilemas éticos para garantizar un uso responsable de las nuevas tecnologías.

Bioética en la Edición Genética

La capacidad de editar el genoma humano plantea preguntas fundamentales sobre la ética en la modificación de la vida. Es esencial establecer límites éticos claros y consultar a la sociedad para decidir qué cambios genéticos son aceptables y cuáles no.

Ética en la Inteligencia Artificial Avanzada

A medida que la inteligencia artificial avanza hacia niveles más sofisticados, se plantean cuestiones éticas fundamentales. La toma de decisiones autónoma, la responsabilidad de las acciones de las máquinas y la preservación de la privacidad son temas cruciales que requieren atención continua.

La Ciencia y la Tecnología como Fuerzas Unificadoras

En un mundo a menudo dividido, la ciencia y la tecnología tienen el potencial de actuar como fuerzas unificadoras. La colaboración internacional en proyectos científicos, la compartición de conocimientos y la resolución conjunta de desafíos globales pueden ser catalizadores para la construcción de puentes y la promoción de la paz.

Diplomacia Científica

La diplomacia científica, que utiliza la colaboración en la investigación como un medio para fortalecer relaciones internacionales, puede desempeñar un papel fundamental en la resolución de conflictos y la construcción de entendimiento mutuo entre naciones.

Tecnologías para el Desarrollo Sostenible

La aplicación de tecnologías innovadoras para abordar los Objetivos de Desarrollo Sostenible de las Naciones Unidas es esencial. Desde soluciones agrícolas sostenibles hasta tecnologías limpias, la ciencia y la tecnología pueden ser agentes de cambio para mejorar la calidad de vida en todo el mundo.

Una Invitación a la Maravilla y la Exploración Continua

En última instancia, la ciencia y la tecnología son vehículos para la exploración continua y la maravilla del mundo que nos rodea. En cada nueva frontera, ya sea en los límites del espacio, en la nanotecnología o en la comprensión de la mente humana, encontramos razones para asombrarnos y preguntarnos qué descubriremos a continuación.

La invitación a la exploración, la curiosidad y el asombro sigue siendo un llamado poderoso. En la intersección de la ciencia y la tecnología, descubrimos que la búsqueda del conocimiento no tiene fin. Cada respuesta revela nuevas preguntas, y cada logro nos impulsa hacia horizontes aún más lejanos. Con responsabilidad, ética y una perspectiva global, forjamos un camino hacia un futuro lleno de posibilidades ilimitadas. La maravilla de lo desconocido aguarda, y en cada paso hacia adelante, continuamos escribiendo la historia de la exploración humana y la expansión del conocimiento.

El Compromiso de la Sociedad: Ciencia y Tecnología para Todos

El acceso equitativo a los beneficios de la ciencia y la tecnología es esencial para construir una sociedad justa y próspera. A medida que avanzamos hacia el futuro, debemos asegurarnos de que la ciencia y la tecnología estén al servicio de toda la humanidad.

Alfabetización Científica y Tecnológica

Fomentar la alfabetización científica y tecnológica en la sociedad es clave para empoderar a las personas. La comprensión de conceptos científicos básicos y la capacidad de utilizar tecnologías emergentes son habilidades esenciales en el mundo moderno.

Acceso Universal a la Tecnología

Garantizar el acceso universal a la tecnología es un paso crítico para prevenir la brecha digital. Desde la conectividad hasta el acceso a dispositivos, es necesario eliminar barreras para que todas las personas, independientemente de su ubicación o situación económica, puedan beneficiarse de los avances tecnológicos.

Ética en la Ciencia y Tecnología: Un Imperativo Continuo

La ética en la ciencia y la tecnología no es un destino, sino un viaje continuo. A medida que enfrentamos nuevos desafíos y descubrimientos, debemos estar preparados para evaluar y ajustar nuestras prácticas éticas para abordar dilemas emergentes.

Comités de Ética y Evaluación Continua

El establecimiento de comités de ética en instituciones de investigación y desarrollo tecnológico es esencial. Estos comités deben realizar evaluaciones continuas para garantizar que las prácticas científicas y tecnológicas se adhieran a estándares éticos y se ajusten a medida que evoluciona nuestra comprensión.

Participación Pública en Decisiones Éticas

La participación pública en la toma de decisiones éticas es una forma valiosa de garantizar la representación y la diversidad de perspectivas. Involucrar a la sociedad en debates éticos sobre temas como la investigación genética o el desarrollo de tecnologías controvertidas es esencial para construir consensos sólidos.

El Camino Hacia la Innovación Responsable

La innovación responsable implica no solo desarrollar tecnologías avanzadas, sino también considerar cuidadosamente sus impactos a corto y largo plazo. Los innovadores, científicos y tecnólogos tienen la responsabilidad de ser guardianes de la ética y la sostenibilidad en el proceso creativo.

Investigación con Propósito

La investigación con propósito impulsa la ciencia y la tecnología hacia metas significativas. Al alinear la investigación con necesidades humanas y desafíos globales, podemos asegurarnos de que la innovación tenga un impacto positivo en la sociedad.

Desarrollo de Tecnologías Socialmente Responsables

Anticiparse a las implicaciones sociales de las tecnologías emergentes es crucial. El desarrollo de tecnologías socialmente responsables implica considerar factores éticos, culturales y sociales desde las etapas iniciales del diseño.

El Legado de la Ciencia y la Tecnología

La ciencia y la tecnología no solo moldean el presente, sino que también definen el legado que dejamos a las generaciones futuras. Cada avance, descubrimiento y aplicación tecnológica contribuye a la narrativa de la humanidad.

Educación para el Futuro

La educación para el futuro debe preparar a las nuevas generaciones para enfrentar los desafíos desconocidos que les deparará el mundo. Fomentar la creatividad, el pensamiento crítico y la resiliencia en los estudiantes es esencial para equiparlos con las herramientas necesarias para abrazar el futuro con confianza.

Conservación del Conocimiento

La conservación del conocimiento es una responsabilidad compartida. Desde la preservación de bibliotecas hasta la documentación de descubrimientos científicos, debemos asegurarnos de que el conocimiento acumulado sea accesible para las generaciones venideras.

Cierre: Un Viaje Colectivo Hacia el Futuro

En la intersección de la ciencia y la tecnología, nos encontramos en un viaje colectivo hacia el futuro. Cada pregunta formulada, cada experimento realizado y cada tecnología desarrollada es una contribución al vasto tapiz de conocimiento humano.

En este viaje, nuestra responsabilidad es clara: abrazar la maravilla de la exploración, comprometernos con prácticas éticas y sostenibles, y asegurarnos de que la ciencia y la tecnología sean fuerzas positivas y unificadoras en la sociedad.

El futuro aguarda con horizontes aún desconocidos. Que nuestro viaje, guiado por la curiosidad, la responsabilidad y el espíritu colaborativo, continúe escribiendo una historia de descubrimientos, innovaciones y conexiones que beneficien a toda la humanidad. En cada paso, recordemos que el viaje no solo es nuestro, sino de todas las generaciones que nos precedieron y de aquellas que nos seguirán.

Una Visión de Colaboración y Esperanza

A medida que avanzamos hacia el futuro, visualicemos una sociedad en la que la ciencia y la tecnología sean motores de progreso y bienestar para todos. En esta visión, la colaboración global es la norma, la diversidad de pensamiento es celebrada y la innovación se orienta hacia la resolución de los desafíos más apremiantes de la humanidad.

Colaboración para Desafíos Globales

Imaginemos una red global de científicos, ingenieros y líderes que trabajan juntos para abordar desafíos globales como el cambio climático, la pobreza y las enfermedades. La colaboración internacional no solo se vuelve esencial, sino también una fuerza impulsora que acelera el ritmo del progreso.

Acceso Equitativo a la Innovación

En esta visión, la innovación no es exclusiva de unos pocos, sino que se democratiza para beneficiar a todas las comunidades. El acceso equitativo a la educación científica, las tecnologías emergentes y los avances médicos se convierte en la norma, reduciendo las brechas sociales y económicas.

Ética como Pilar Fundamental

Veamos un futuro en el que la ética guía cada avance científico y tecnológico. Comités de ética robustos, transparencia en la toma de decisiones y una participación activa de la sociedad civil se convierten en estándares que aseguran que la innovación respete los valores fundamentales de la humanidad.

Tecnologías que Mejoran la Calidad de Vida

En esta visión, las tecnologías emergentes se centran en mejorar la calidad de vida de las personas. Desde avances médicos que eliminan enfermedades hasta soluciones tecnológicas que promueven la sostenibilidad, la ética impulsa la creación de un mundo mejor para todos.

Inspiración para las Generaciones Futuras

Visualicemos un mundo en el que la ciencia y la tecnología inspiran a las generaciones futuras a alcanzar nuevas alturas. En esta realidad, cada niño tiene acceso a una educación rica en experiencias científicas, y cada joven se siente capacitado para contribuir a la exploración del conocimiento.

Mentores y Modelos a Seguir

En este escenario, científicos, ingenieros y líderes tecnológicos se convierten en mentores y modelos a seguir para los jóvenes. La narrativa de la ciencia y la tecnología se enriquece con historias de personas diversas y apasionadas que han superado desafíos para hacer contribuciones significativas.

Exploración Espacial y Descubrimientos Asombrosos

Imaginemos un futuro en el que la exploración espacial se convierte en una empresa común de la humanidad. Jóvenes científicos y astrónomos aficionados participan activamente en la búsqueda de vida extraterrestre, y cada descubrimiento asombroso en el universo nos acerca más a comprender nuestro lugar en el cosmos.

El Desafío de Nuestro Tiempo

El desafío de nuestro tiempo es convertir esta visión en realidad. Requiere el compromiso colectivo de gobiernos, instituciones académicas, la sociedad civil y la industria. Significa superar obstáculos, abrazar la diversidad de ideas y enfrentar los problemas con un espíritu de colaboración.

La Responsabilidad de Todos

En última instancia, cada uno de nosotros tiene un papel que desempeñar en la construcción de este futuro. Al abrazar la maravilla de la ciencia, promover prácticas éticas y fomentar la inclusión, contribuimos a un viaje conjunto hacia horizontes aún más prometedores.

Un Llamado a la Acción Colectiva

Así que, juntos, abrazamos el llamado a la acción. No solo para imaginar un futuro de ciencia y tecnología que beneficie a todos, sino para ser arquitectos activos de esa realidad. Que nuestro viaje continúe siendo un testimonio de la capacidad infinita de la mente humana para explorar, descubrir y forjar un mañana mejor para todos.

3.Avances Recientes:

Tecnologías Emergentes: Más Allá de los Límites Conocidos

Inteligencia Artificial (IA) y Aprendizaje Automático: En la última década, los avances en inteligencia artificial y aprendizaje automático han revolucionado la forma en que interactuamos con la tecnología. Desde asistentes virtuales hasta algoritmos de recomendación y diagnóstico médico, la IA está desempeñando un papel central en diversos campos, anticipándose a patrones y tomando decisiones cada vez más sofisticadas.

Computación Cuántica: La computación cuántica ha dejado de ser una promesa distante para convertirse en una realidad en desarrollo. Las qubits, unidades fundamentales en la computación cuántica, permiten realizar cálculos a una velocidad asombrosa y resolver problemas que están más allá de la capacidad de los ordenadores clásicos. Este avance tiene el potencial de transformar la informática y la resolución de problemas complejos.

Biología Sintética: La biología sintética ha llevado la manipulación genética a nuevas alturas, permitiendo la creación de organismos modificados para cumplir funciones específicas. Desde bacterias que ayudan en la limpieza ambiental hasta microorganismos diseñados para producir biocombustibles, la biología sintética está abriendo posibilidades innovadoras en la ingeniería de la vida.

Descubrimientos Científicos Contemporáneos: Desvelando los Secretos del Universo

Observación de Ondas Gravitacionales: El descubrimiento de las ondas gravitacionales ha sido uno de los hitos más destacados en la astronomía moderna. Los científicos han detectado ondas gravitacionales generadas por eventos cósmicos cataclísmicos, como fusiones de agujeros negros y estrellas de neutrones. Este logro ha abierto una nueva ventana para observar el universo, proporcionando información valiosa sobre fenómenos astrofísicos extremos.

Exploración de Exoplanetas: La búsqueda de vida más allá de nuestro sistema solar ha experimentado un impulso significativo con la exploración de exoplanetas. Cada año, se descubren nuevos mundos fuera de nuestra galaxia, algunos de los cuales se encuentran en la "zona habitable", donde las condiciones podrían ser propicias para la vida tal como la conocemos.

Avances en la Edición Genética: La tecnología de edición genética, especialmente CRISPR-Cas9, ha avanzado a pasos agigantados. Los científicos pueden ahora modificar genes de manera más precisa y eficiente, abriendo puertas hacia tratamientos personalizados para enfermedades genéticas, así como planteando cuestiones éticas fundamentales sobre la manipulación del genoma humano.

Implicaciones y Reflexiones Éticas

Estos avances, aunque emocionantes, también plantean desafíos éticos y sociales. La inteligencia artificial plantea preguntas sobre la privacidad y el sesgo algorítmico. La computación cuántica despierta preocupaciones sobre la seguridad de la información. La biología sintética y la edición genética plantean cuestiones éticas profundas sobre la manipulación de la vida.

A medida que celebramos estos logros y nos sumergimos en las posibilidades que ofrecen, es crucial reflexionar sobre cómo garantizar un uso ético y responsable de estas tecnologías. La sociedad, los científicos y los responsables de la toma de decisiones deben colaborar para establecer marcos éticos que guíen el desarrollo y la aplicación de estas innovaciones, garantizando que beneficien a la humanidad en su conjunto.

Navegando el Futuro: Desafíos y Oportunidades

A medida que exploramos estos avances recientes, nos adentramos en un terreno desconocido lleno de desafíos y oportunidades. El camino hacia el futuro exige una combinación única de valentía para enfrentar lo desconocido y sabiduría para abordar las responsabilidades que conlleva el poder de estas tecnologías.

En el próximo capítulo, exploraremos las perspectivas y posibles trayectorias que estos avances abren para la humanidad. Desde la posibilidad de curar enfermedades hasta la perspectiva de expandir nuestra comprensión del cosmos, el futuro está lleno de promesas y desafíos intrigantes. Sigamos explorando el horizonte del conocimiento y construyendo un futuro que refleje la mejor versión de nosotros mismos.

Perspectivas Futuras: Navegando hacia Horizontes Inexplorados

En este capítulo, nos aventuramos hacia el futuro, explorando las perspectivas emocionantes y desafiantes que se despliegan ante nosotros. Desde la medicina hasta la exploración espacial, y desde la inteligencia artificial hasta la sostenibilidad, nos sumergimos en las posibles trayectorias que podrían definir la próxima era de la ciencia y la tecnología.

Medicina de Precisión: Transformando la Atención Médica

La medicina de precisión está emergiendo como un paradigma transformador en el campo de la salud. La capacidad de personalizar tratamientos según las características genéticas individuales promete revolucionar la eficacia de las terapias y mejorar la calidad de vida de los pacientes. La integración de la inteligencia artificial en el diagnóstico y tratamiento también abre la puerta a un enfoque más rápido y preciso.

Exploración Espacial: Más Allá de Nuestro Horizonte Terrestre

El espacio sigue siendo la última frontera, y la exploración espacial continúa siendo un campo de posibilidades ilimitadas. Misiones a Marte, la construcción de bases lunares y la búsqueda de vida extraterrestre están en el horizonte. Estos esfuerzos no solo nos permitirán expandir nuestro entendimiento del universo, sino que también podrían ofrecer soluciones para desafíos terrestres, como la gestión de recursos y la sostenibilidad.

Inteligencia Artificial Consciente: El Próximo Nivel de Conciencia Computacional

A medida que la inteligencia artificial evoluciona, algunos investigadores exploran la idea de desarrollar formas de conciencia computacional. Este territorio filosófico y científico plantea preguntas fundamentales sobre la naturaleza de la conciencia y la ética de crear inteligencias conscientes. Navegar por estos desafíos requerirá reflexiones profundas y la consideración de impactos éticos significativos.

Energías Renovables y Sostenibilidad: Modelando un Futuro Verde

El impulso hacia fuentes de energía renovable y prácticas sostenibles se intensifica. Avances en tecnologías solares, eólicas y de almacenamiento de energía ofrecen la esperanza de un futuro más limpio y sostenible. La convergencia de la tecnología y la conciencia ambiental podría marcar una transición significativa hacia un modelo energético más respetuoso con el medio ambiente.

Realidad Virtual y Aumentada: Transformando la Experiencia Humana

La realidad virtual y aumentada están en camino de transformar la forma en que experimentamos el mundo. Desde aplicaciones médicas y educativas hasta el entretenimiento y la colaboración empresarial, estas tecnologías tienen el potencial de sumergirnos en mundos imaginarios o mejorar nuestra percepción de la realidad cotidiana.

Ciberseguridad y Privacidad: Protegiendo la Era Digital

A medida que la sociedad se sumerge más profundamente en la era digital, la ciberseguridad y la privacidad se vuelven imperativos críticos. Desarrollar tecnologías y prácticas que protejan la información sensible mientras se mantiene la integridad de la red global será un desafío continuo.

Desafíos Éticos y Consideraciones Sociales

Estas perspectivas futuras también plantean desafíos éticos y consideraciones sociales fundamentales. La equidad en el acceso a estas innovaciones, la responsabilidad en el desarrollo de inteligencia artificial consciente y la gestión ética de la información genética son solo algunos de los temas cruciales que la sociedad deberá abordar.

Construyendo el Futuro Juntos

El futuro es una construcción colectiva, formado por las decisiones que tomamos hoy. Al considerar las posibilidades que se presentan y los desafíos que enfrentamos, es esencial abrazar un enfoque ético y sostenible hacia la ciencia y la tecnología. La colaboración entre disciplinas, la diversidad de perspectivas y un compromiso compartido con el bienestar humano serán fundamentales para navegar por este viaje hacia horizontes inexplorados.

Educación Científica y Responsabilidad: Cultivando el Futuro del Conocimiento

Educación Científica Integral: Preparando Mentes Curiosas

La educación científica debe ir más allá de la memorización de hechos y fórmulas; debe fomentar la curiosidad y la capacidad de hacer preguntas. Los métodos de enseñanza basados en la exploración y la experimentación no solo fortalecen la comprensión de los conceptos científicos, sino que también cultivan el pensamiento crítico y la resolución de problemas.

Inclusión y Diversidad en STEM: Potenciando la Creatividad Colectiva

La ciencia y la tecnología prosperan en la diversidad de pensamiento y experiencia. Fomentar la inclusión de mujeres y minorías en los campos STEM (ciencia, tecnología, ingeniería y matemáticas) es esencial para desbloquear un potencial creativo sin explotar. Las instituciones educativas y las empresas desempeñan un papel clave en crear entornos inclusivos y accesibles.

Ética desde el Aula hasta el Laboratorio: Forjando Responsabilidad Científica

La ética debe ser un pilar fundamental en la formación de científicos y tecnólogos. Desde la manipulación genética hasta la inteligencia artificial, los estudiantes deben comprender las implicaciones éticas de sus decisiones y aprender a aplicar principios éticos en sus investigaciones y prácticas profesionales.

Inspirando a las Generaciones Futuras: Narrativas que Transforman

La inspiración es un catalizador poderoso para el aprendizaje y la innovación. Las narrativas que celebran los logros científicos y tecnológicos no solo informan, sino que también motivan. Los educadores y comunicadores científicos desempeñan un papel vital al contar historias que resalten la emoción y el impacto positivo de la ciencia y la tecnología en la sociedad.

Mentores y Modelos a Seguir: Guiando el Camino

La presencia de mentores y modelos a seguir es esencial para mostrar a los estudiantes que la ciencia y la tecnología son campos accesibles para todos. Al destacar la diversidad de personas que han contribuido significativamente en estos campos, se desmitifica la imagen del científico y se inspira a una gama más amplia de individuos a seguir carreras en STEM.

Experiencias Prácticas: Despertando la Pasión por la Ciencia

Las experiencias prácticas, como proyectos de investigación, pasantías y competiciones científicas, ofrecen oportunidades para que los estudiantes apliquen sus conocimientos teóricos en entornos del mundo real. Estas experiencias no solo consolidan la comprensión, sino que también cultivan la pasión y el deseo de contribuir a la investigación y la innovación.

Responsabilidad en la Toma de Decisiones: Modelando Líderes Conscientes

A medida que los estudiantes avanzan en sus carreras científicas y tecnológicas, es fundamental inculcarles la importancia de la responsabilidad en la toma de decisiones. Esto implica considerar no solo la viabilidad técnica, sino también los impactos éticos, sociales y ambientales de sus investigaciones y desarrollos.

Colaboración Global en la Educación Científica: Conectando Mentes Brillantes

La colaboración global en la educación científica no solo enriquece las experiencias de aprendizaje, sino que también prepara a las mentes jóvenes para abordar desafíos globales. Programas de intercambio, colaboración en proyectos de investigación y acceso a recursos educativos a nivel mundial son componentes clave para formar una próxima generación de pensadores globales.

Sembrando las Semillas del Futuro

Al invertir en la educación científica y la formación ética de las generaciones futuras, estamos sembrando las semillas del futuro. La maravilla de la ciencia y la tecnología se fusiona con la responsabilidad, la inclusión y la inspiración para cultivar mentes que liderarán el camino hacia horizontes aún más emocionantes e inexplorados.

En el siguiente capítulo, exploraremos cómo la sociedad en su conjunto puede abrazar la ciencia y la tecnología de manera informada y ética, garantizando que el impacto positivo de estos avances alcance a todas las comunidades y se traduzca en un progreso colectivo.

Ciencia y Tecnología para Todos: Acceso y Participación Global

Este capítulo se centra en la importancia de democratizar la ciencia y la tecnología, garantizando que sus beneficios alcancen a todas las comunidades. Desde el acceso a la información científica hasta la participación activa en la toma de decisiones tecnológicas, exploraremos cómo construir un futuro donde la ciencia y la tecnología sean verdaderamente inclusivas.

Acceso Universal a la Información Científica: Rompiendo Barreras de Conocimiento

La información científica debe ser accesible para todos, independientemente de su ubicación geográfica o nivel socioeconómico. Iniciativas como el acceso abierto a publicaciones científicas, plataformas educativas en línea y bibliotecas digitales contribuyen a derribar barreras y asegurar que el conocimiento científico esté al alcance de todos los curiosos.

Tecnología para el Desarrollo: Abordando Desafíos Globales

La aplicación de la tecnología para abordar desafíos globales es esencial. Desde soluciones agrícolas inteligentes hasta sistemas de energía renovable adaptados a entornos específicos, la tecnología puede ser un catalizador para el desarrollo sostenible. Colaboraciones internacionales y enfoques centrados en la comunidad son fundamentales para asegurar que la tecnología beneficie a las poblaciones más necesitadas.

Participación Ciudadana en Ciencia y Tecnología: Ciudadanos como Agentes de Cambio

Involucrar a la ciudadanía en la toma de decisiones científicas y tecnológicas fortalece la democracia y garantiza que las perspectivas diversas sean consideradas. Proyectos de ciencia ciudadana, debates públicos sobre temas éticos y consultas comunitarias antes de la implementación de tecnologías son ejemplos de cómo la participación ciudadana puede dar forma al rumbo de la investigación y la innovación.

Ética en la Adopción de Tecnologías Emergentes: Guiando el Desarrollo Responsable

La adopción de tecnologías emergentes requiere una cuidadosa consideración ética. Los gobiernos, las empresas y la sociedad civil deben colaborar para establecer políticas y estándares que guíen el desarrollo y la implementación de tecnologías como la inteligencia artificial, garantizando que se utilicen de manera responsable y sin socavar los derechos fundamentales.

Formación y Capacitación Continua: Adaptándose al Cambio Tecnológico

Dada la rapidez con la que evoluciona la tecnología, la formación y la capacitación continuas son esenciales para mantenerse actualizado. Programas educativos y oportunidades de aprendizaje a lo largo de toda la vida aseguran que las personas puedan adaptarse a los cambios en el panorama tecnológico y contribuir significativamente a sus comunidades.

Ciencia y Tecnología en la Cultura Popular: Integrando la Innovación en la Vida Cotidiana

Integrar la ciencia y la tecnología en la cultura popular ayuda a disolver la percepción de que estos campos son inaccesibles. Narrativas en medios de comunicación, eventos culturales centrados en la ciencia y la tecnología, y la representación diversa en estas áreas contribuyen a construir una sociedad que celebra la innovación en todos sus aspectos.

Conclusión: Un Futuro Compartido de Progreso y Equidad

Al avanzar hacia un futuro compartido de progreso y equidad, es imperativo reconocer que la ciencia y la tecnología deben ser fuerzas que unan a la humanidad. La ciencia para unos pocos no es sostenible ni ética; la ciencia y la tecnología deben estar al alcance de todos para que la sociedad avance de manera justa y equitativa.

Liderazgo y Políticas para un Futuro Sostenible

Políticas Tecnológicas para la Equidad: Definiendo el Marco Regulatorio

El establecimiento de políticas tecnológicas sólidas es esencial para guiar el desarrollo y la implementación de nuevas tecnologías. Estas políticas deben abordar cuestiones de seguridad, privacidad y equidad, y estar diseñadas para asegurar que los beneficios de la innovación lleguen a todas las capas de la sociedad.

Regulación Ética en la Inteligencia Artificial: Garantizando Decisiones Justas y Transparentes

A medida que la inteligencia artificial desempeña un papel cada vez más central en nuestras vidas, la regulación ética se vuelve crítica. Las leyes y normativas deben abordar la transparencia en los algoritmos, prevenir la discriminación y establecer estándares para la toma de decisiones éticas en sistemas autónomos.

Innovación Socialmente Responsable: Más Allá del Beneficio Económico

El liderazgo en la innovación debe ir más allá del beneficio económico y considerar el impacto social y ambiental. Las empresas y los gobiernos pueden liderar el camino adoptando enfoques de innovación socialmente responsables, asegurándose de que los avances tecnológicos aborden problemas sociales urgentes y promuevan el bienestar general.

Desarrollo Sostenible: Integrando la Ciencia y la Tecnología en la Agenda Global

Los líderes mundiales desempeñan un papel crucial en la promoción de la ciencia y la tecnología como impulsores del desarrollo sostenible. La Agenda 2030 de las Naciones Unidas y sus Objetivos de Desarrollo Sostenible proporcionan un marco para integrar la ciencia y la tecnología en la búsqueda de soluciones para problemas globales, desde la pobreza hasta el cambio climático.

Diplomacia Científica: Colaboración Internacional para Desafíos Comunes

La diplomacia científica se ha vuelto cada vez más importante en un mundo interconectado. La colaboración internacional en proyectos científicos y tecnológicos no solo impulsa la innovación, sino que también fomenta la comprensión y la cooperación entre naciones en la resolución de desafíos compartidos.

Liderazgo Ético en Empresas Tecnológicas: Modelando Conductas Responsables

Las empresas tecnológicas, como actores clave en la creación y difusión de nuevas tecnologías, deben liderar con ética. Los líderes empresariales tienen la responsabilidad de establecer normas éticas claras, abogar por la diversidad en la industria y garantizar que sus productos y servicios respeten los valores fundamentales de la sociedad.

Conclusiones y Perspectivas a Futuro

En la convergencia de la ciencia, la tecnología y el liderazgo ético, se encuentra el potencial para construir un futuro sostenible y equitativo. La toma de decisiones informada, la regulación ética y el liderazgo visionario son componentes críticos para asegurar que la innovación tecnológica no solo avance, sino que también beneficie a toda la humanidad.

En el capítulo final, cerraremos nuestro viaje reflexionando sobre el impacto acumulado de la ciencia y la tecnología en la sociedad y exploraremos cómo abrazar un enfoque ético y responsable puede moldear un mañana aún más prometedor.

Reflexiones Finales: Hacia un Futuro Guiado por la Ética y la Sabiduría

Al llegar al final de nuestro viaje a través de los horizontes infinitos de la ciencia y la tecnología, reflexionamos sobre el impacto acumulado de estos campos en la sociedad y exploramos el camino hacia un futuro guiado por la ética y la sabiduría.

El Poder Transformador de la Ciencia y la Tecnología: Celebrando Logros y Reconociendo Desafíos

Hemos sido testigos del poder transformador de la ciencia y la tecnología, desde los principios fundamentales y los avances recientes hasta la importancia de la educación, el liderazgo y las políticas. Celebramos los logros que han mejorado nuestras vidas y ampliado nuestro entendimiento del mundo, pero también reconocemos los desafíos éticos y sociales que han surgido en este viaje.

Ética como Brújula en un Mundo de Avances Rápidos: El Rol Fundamental de la Responsabilidad

En un mundo donde la velocidad de los avances científicos y tecnológicos no tiene precedentes, la ética se convierte en nuestra brújula. La responsabilidad en la toma de decisiones, la regulación ética y el liderazgo visionario son fundamentales para garantizar que el progreso tecnológico no solo sea rápido, sino también guiado por valores éticos y sociales.

Equidad y Acceso Universal: La Promesa de un Futuro Compartido

La equidad y el acceso universal han emergido como temas recurrentes en nuestro viaje. Imaginemos un futuro donde la ciencia y la tecnología no solo benefician a unos pocos privilegiados, sino que están al alcance de todos. Desde la educación hasta la participación en la toma de decisiones tecnológicas, aspiremos a construir un futuro donde la innovación contribuya al bienestar colectivo.

Un Futuro Sostenible: Integrando Ciencia y Ética en la Búsqueda de Soluciones

La ciencia y la ética se entrelazan en la búsqueda de un futuro sostenible. Al abordar desafíos globales como el cambio climático, la pobreza y la desigualdad con enfoques científicos y tecnológicos respaldados por principios éticos, podemos aspirar a un mundo más equitativo y sostenible para las generaciones venideras.

Aprendizaje Continuo y Adaptación: La Naturaleza Evolutiva de la Ciencia y la Tecnología

Reconocemos que la ciencia y la tecnología son campos en constante evolución. El aprendizaje continuo y la adaptación son esenciales para abrazar las oportunidades y enfrentar los desafíos emergentes. La disposición a cuestionar, explorar y aprender de manera constante marcará la pauta para un futuro en el que la ciencia y la tecnología sigan siendo motores de progreso.

4.Impacto en la Sociedad:

Impacto en la Sociedad: Transformando la Vida Cotidiana

En este capítulo, exploramos la profunda influencia que la ciencia y la tecnología han tenido en la vida cotidiana de las personas y cómo los avances tecnológicos han dado forma a cambios socioculturales significativos. Desde la revolución industrial hasta la era digital, examinamos cómo estos fenómenos han moldeado nuestra forma de vivir, trabajar y relacionarnos.

Conectividad en Tiempo Real: La Revolución de la Comunicación

El surgimiento de tecnologías de comunicación, desde la invención del telégrafo hasta la era de la Internet, ha llevado a una conectividad global en tiempo real. Las personas pueden comunicarse instantáneamente a través de continentes, compartiendo información, ideas y experiencias de manera que habría sido inimaginable en generaciones pasadas. Esto ha transformado no solo la forma en que trabajamos y nos comunicamos, sino también cómo percibimos el mundo y nuestras relaciones interpersonales.

Innovaciones en la Medicina: Mejorando la Salud y la Longevidad

Los avances científicos y tecnológicos en medicina han revolucionado la atención médica y han tenido un impacto directo en la salud y la longevidad. Desde el descubrimiento de antibióticos hasta la ingeniería genética, estas innovaciones han permitido diagnósticos más precisos, tratamientos más efectivos y un mayor entendimiento de las enfermedades. La medicina personalizada, impulsada por la genómica y la inteligencia artificial, abre nuevas posibilidades para abordar enfermedades de manera específica para cada individuo.

Transformación Digital en el Trabajo: Nuevas Formas de Empleo y Colaboración

La tecnología ha transformado radicalmente el mundo laboral. La automatización y la inteligencia artificial han alterado la naturaleza de muchos trabajos, al tiempo que han creado nuevas oportunidades en campos emergentes. La globalización digital ha permitido la colaboración remota y el surgimiento de nuevas formas de empleo, como el trabajo independiente y las plataformas de gig economy. Estos cambios no solo impactan el mundo laboral, sino que también afectan la estructura misma de la sociedad.

Redefinición de la Educación: Acceso y Personalización

La tecnología ha redefinido el panorama educativo, haciendo que el aprendizaje sea más accesible y personalizado. Plataformas en línea, recursos educativos digitales y tecnologías de realidad virtual han ampliado las oportunidades de educación a nivel mundial. La personalización del aprendizaje, respaldada por algoritmos y análisis de datos, permite adaptar la enseñanza a las necesidades individuales de los estudiantes, fomentando un enfoque más centrado en el estudiante.

Cambios en los Patrones de Consumo: Comercio Electrónico y Experiencias Personalizadas

La tecnología ha transformado la forma en que consumimos bienes y servicios. El comercio electrónico ha proliferado, permitiendo a las personas realizar compras desde la comodidad de sus hogares. La analítica de datos y la inteligencia artificial se utilizan para personalizar experiencias de compra, anticipando las preferencias de los consumidores y ofreciendo recomendaciones personalizadas. Esto no solo ha alterado los patrones de consumo, sino que también ha impactado las industrias minoristas y de entretenimiento.

Desafíos y Oportunidades Éticas: Privacidad y Seguridad en la Era Digital

El avance tecnológico también ha planteado desafíos éticos, especialmente en términos de privacidad y seguridad. La recopilación masiva de datos, la inteligencia artificial y la automatización plantean preguntas sobre cómo proteger la privacidad individual y garantizar la seguridad en un mundo digital. El equilibrio entre la innovación tecnológica y la protección de derechos fundamentales es un tema crucial que la sociedad enfrenta en esta era digital.

La Interconexión Irreversible entre Ciencia, Tecnología y Sociedad

La interconexión entre ciencia, tecnología y sociedad es irreversible y define la realidad contemporánea. La influencia de estos avances se extiende más allá de los aspectos técnicos y se entrelaza con cada faceta de nuestras vidas. La comprensión de estos impactos es esencial para abordar los desafíos emergentes y aprovechar las oportunidades para construir una sociedad más equitativa, sostenible y ética. Este capítulo es un reflejo de cómo la ciencia y la tecnología no solo han transformado la realidad, sino que también han creado un futuro lleno de posibilidades y desafíos emocionantes.

Perspectivas Futuras: Navegando Hacia el Desconocido

En este capítulo, nos aventuramos más allá de los logros actuales y reflexionamos sobre las perspectivas futuras de la ciencia y la tecnología, explorando cómo estas fuerzas moldearán aún más nuestra sociedad y nuestro modo de vida.

Inteligencia Artificial y la Revolución Cognitiva

La inteligencia artificial (IA) se presenta como uno de los campos más prometedores y desafiantes. A medida que las máquinas aprenden y mejoran, la IA tiene el potencial de transformar la toma de decisiones, la atención médica, la manufactura y más. Sin embargo, también plantea preguntas éticas, desde la autonomía de las máquinas hasta la equidad en su aplicación.

Avances en la Ciencia de los Materiales: Transformando la Fabricación y la Energía

Los avances en la ciencia de los materiales abren nuevas fronteras en la fabricación y la energía. Desde materiales más ligeros y fuertes hasta soluciones energéticas innovadoras, estos desarrollos tienen el potencial de cambiar fundamentalmente cómo construimos y abastecemos nuestras sociedades.

Biotecnología y Medicina del Futuro: La Era de la Personalización y la Prevención

La biotecnología sigue avanzando, llevándonos hacia una era de medicina personalizada y preventiva. La edición genética, la medicina regenerativa y la nanotecnología ofrecen nuevas herramientas para abordar enfermedades y mejorar la salud. Sin embargo, surgen cuestiones éticas sobre la modificación genética y la equidad en el acceso a estas innovaciones.

Internet de las Cosas (IoT): La Hiperconectividad de Nuestro Entorno

La expansión del Internet de las Cosas conectará aún más nuestro entorno. Desde ciudades inteligentes hasta hogares conectados, la IoT promete mayor eficiencia y comodidad. Al mismo tiempo, plantea desafíos relacionados con la privacidad y la seguridad de los datos personales.

Sostenibilidad y Energías Renovables: El Camino Hacia un Futuro Verde

La búsqueda de soluciones sostenibles y energías renovables se intensificará en respuesta a los desafíos del cambio climático. Avances en tecnologías solares, eólicas y de almacenamiento de energía abrirán el camino hacia un futuro más sostenible y menos dependiente de los recursos no renovables.

Realidad Virtual y Aumentada: Transformando la Experiencia Humana

Las tecnologías de realidad virtual y aumentada están llevando la experiencia humana a nuevos niveles. Desde la educación hasta el entretenimiento y la colaboración empresarial, estas tecnologías están transformando cómo interactuamos con el mundo y entre nosotros.

Navegando Juntos en Aguas Inexploradas

A medida que nos adentramos en este territorio inexplorado de futuras posibilidades tecnológicas, es imperativo que reflexionemos sobre cómo queremos dar forma a este futuro. La ética y la responsabilidad deben seguir siendo guías mientras navegamos por las aguas de la innovación. Además, la inclusión y la consideración de las implicaciones sociales serán esenciales para garantizar que los beneficios de estos avances se distribuyan de manera justa.

Diálogo Intercultural: Celebrando la Diversidad como Motor de la Innovación

La diversidad cultural es un tesoro que enriquece nuestras vidas y la sociedad en su conjunto. A medida que la interconexión global se intensifica, el diálogo intercultural se vuelve esencial. La comprensión y apreciación de las diversas perspectivas culturales no solo fomentan la innovación, sino que también construyen puentes que unen a comunidades de todo el mundo.

Ética Global: Principios Universales para la Acción Responsable

En un mundo interconectado, la ética global se convierte en un conjunto de principios universales que guían nuestras acciones. La responsabilidad hacia las generaciones futuras, el respeto por los derechos humanos y la equidad en la distribución de los beneficios y cargas son fundamentales. La ética global no solo se aplica a nivel individual, sino también a nivel empresarial y gubernamental.

Desafíos Éticos en la Era Digital: Protegiendo Derechos y Valores Universales

El avance tecnológico, especialmente en el ámbito digital, plantea nuevos desafíos éticos. Desde la privacidad hasta la seguridad de los datos, la ética digital se convierte en un campo crítico. Es imperativo establecer normas y regulaciones que salvaguarden los derechos y valores universales en este entorno digital en constante evolución.

Colaboración Global para Desafíos Comunes: Más Allá de las Fronteras Nacionales

Enfrentamos desafíos globales que trascienden las fronteras nacionales: cambio climático, pandemias y desigualdades económicas, entre otros. La colaboración global se vuelve esencial para abordar estos problemas de manera efectiva. Los esfuerzos coordinados a nivel internacional, basados en la ética y el respeto mutuo, son fundamentales para construir un mundo más resiliente y justo.

Educación para la Ética Global: Formando Ciudadanos del Mundo

La educación desempeña un papel fundamental en la formación de ciudadanos éticamente conscientes y globales. Integrar la ética global en los programas educativos, desde el nivel primario hasta la educación superior, es esencial para cultivar una generación que aprecie la diversidad, comprenda las implicaciones éticas de sus acciones y esté preparada para abordar los desafíos del siglo XXI.

Hacia un Mundo de Colaboración y Respeto Mutuo

La interconexión de nuestras sociedades exige una comprensión más profunda y respetuosa entre culturas, así como un compromiso inquebrantable con principios éticos que trascienden las fronteras. Este diálogo y ética global se convierten en cimientos sólidos para un futuro más armonioso y colaborativo.

El Rol de la Ciencia y la Tecnología en la Construcción de un Futuro Sostenible

Nos enfocamos en el papel crucial de la ciencia y la tecnología en la construcción de un futuro sostenible. Examinemos cómo la innovación científica y tecnológica puede ser un motor para abordar los desafíos ambientales, sociales y económicos que enfrenta la humanidad.

Ciencia y Tecnología para la Sostenibilidad Ambiental: Soluciones Innovadoras

La ciencia y la tecnología ofrecen soluciones innovadoras para los desafíos ambientales. Desde la energía renovable hasta la gestión sostenible de recursos, la investigación científica y el desarrollo tecnológico son fundamentales para la transición hacia una economía más sostenible. La adopción de tecnologías limpias y prácticas respetuosas con el medio ambiente es esencial para preservar nuestro planeta para las generaciones futuras.

Innovación Social y Desarrollo Sostenible: Un Enfoque Holístico

La innovación social, respaldada por avances tecnológicos, desempeña un papel vital en el desarrollo sostenible. Proyectos que aborden problemas sociales como la pobreza, la educación y la atención médica, utilizando enfoques tecnológicos, pueden tener un impacto significativo en la mejora de las condiciones de vida. La colaboración entre sectores público y privado es clave para impulsar este tipo de innovación.

Tecnologías para la Adaptación al Cambio Climático: Construyendo Resiliencia

Con el cambio climático como una amenaza global, la ciencia y la tecnología se vuelven esenciales para la adaptación. Sistemas de alerta temprana, tecnologías agrícolas resistentes al clima y soluciones de infraestructura sostenible son ejemplos de cómo la innovación puede ayudar a las comunidades a construir resiliencia frente a los impactos climáticos.

Economía Circular y Tecnologías Sostenibles: Minimizando Residuos y Maximizando Recursos

La transición hacia una economía circular, donde se minimizan los residuos y se maximizan los recursos, es un objetivo clave para la sostenibilidad. La tecnología desempeña un papel central en este cambio, desde el diseño de productos con menor impacto ambiental hasta la implementación de procesos de fabricación más eficientes y sostenibles.

Educación y Conciencia Ambiental: Forjando una Sociedad Sostenible

La ciencia y la tecnología también son herramientas poderosas para la educación y la conciencia ambiental. Plataformas educativas en línea, simulaciones interactivas y tecnologías de realidad virtual pueden ser utilizadas para informar y concientizar a la sociedad sobre la importancia de la sostenibilidad y la conservación del medio ambiente.

Desafíos Éticos en la Sostenibilidad: Consideraciones para un Futuro Equitativo

A medida que avanzamos hacia un futuro más sostenible, es crucial abordar los desafíos éticos asociados con la implementación de nuevas tecnologías.

La equidad en el acceso a soluciones sostenibles, la consideración de impactos sociales y la participación ciudadana en decisiones cruciales son aspectos fundamentales para garantizar que la sostenibilidad sea alcanzada de manera justa y equitativa.

Un Compromiso Continuo con la Sostenibilidad

La ciencia y la tecnología se erigen como herramientas indispensables en la construcción de un futuro sostenible. Al aprovechar la innovación y promover soluciones éticas, podemos abordar los desafíos más apremiantes que enfrenta nuestro planeta. Este capítulo destaca la necesidad de un compromiso continuo con la investigación científica y la aplicación responsable de la tecnología para garantizar un futuro sostenible para las generaciones venideras.

La Ética en la Investigación y Desarrollo Tecnológico: Garantizando Valores Humanos en la Innovación

Ética en la Investigación Científica: Rigor y Responsabilidad

La investigación científica debe adherirse a estándares éticos rigurosos. Desde la integridad en la recopilación y análisis de datos hasta la transparencia en la presentación de resultados, la ética en la investigación es esencial para la construcción de conocimiento confiable y valioso.

Desarrollo Tecnológico y Responsabilidad Ética: Consideraciones desde la Concepción hasta la Implementación

La ética no debe limitarse a la investigación, sino que también debe guiar el desarrollo y la implementación de tecnologías. Desde la fase inicial de concepción y diseño hasta la implementación en la sociedad, es crucial considerar y abordar las implicaciones éticas de las nuevas tecnologías.

Inteligencia Artificial y Ética: Decisiones Autónomas y Responsabilidad Humana

La inteligencia artificial plantea desafíos éticos únicos debido a su capacidad para tomar decisiones de manera autónoma. La ética en la IA implica la necesidad de transparencia en los algoritmos, la prevención de sesgos y la clarificación de la responsabilidad humana en las decisiones críticas.

Privacidad y Ética en el Tratamiento de Datos: Protegiendo la Información Personal

En la era digital, la ética de la privacidad se vuelve central. La recopilación, almacenamiento y uso de datos deben realizarse de manera ética y respetuosa con la privacidad individual. La protección de la información personal se convierte en un imperativo ético en un mundo cada vez más interconectado.

Ética en la Medicina y Biotecnología: Decisiones Morales en la Mejora Humana

La aplicación de la ética en la medicina y la biotecnología es esencial a medida que avanzamos hacia posibilidades como la edición genética y la mejora humana. Se plantean preguntas éticas sobre la modificación genética, la equidad en el acceso a tratamientos avanzados y el impacto a largo plazo en la sociedad.

Ética en la Inteligencia Artificial Empresarial: Decisiones Éticas en el Mundo Corporativo

Las empresas que desarrollan y utilizan tecnologías de inteligencia artificial deben operar con una ética sólida. La responsabilidad corporativa incluye la consideración ética en la toma de decisiones, la transparencia en el uso de datos y la mitigación de posibles impactos negativos en la sociedad.

La Ética como Pilar Fundamental en la Innovación

La ética en la investigación y el desarrollo tecnológico es un pilar fundamental en la innovación responsable. Al priorizar valores humanos, la sociedad puede aprovechar los beneficios de la tecnología mientras mitiga los riesgos y desafíos éticos asociados. Este capítulo destaca la importancia de la ética como guía constante en la búsqueda del progreso científico y tecnológico, asegurando que el avance sea beneficioso y respetuoso con la humanidad.

Desafíos de la Gobernanza Tecnológica: Manteniendo el Paso con la Innovación

La velocidad del avance tecnológico ha superado, en muchos casos, la capacidad de los marcos regulatorios existentes. Los desafíos de la gobernanza tecnológica incluyen la necesidad de regulaciones actualizadas, mecanismos de supervisión efectivos y la adaptación constante a las innovaciones emergentes.

Principios de Gobernanza Ética: Fundamentos para Decisiones Responsables

La gobernanza tecnológica debe basarse en principios éticos sólidos. Estos principios incluyen la transparencia en la toma de decisiones, la equidad en la aplicación de regulaciones y la participación ciudadana en procesos de gobernanza. La ética debe ser un pilar fundamental en el diseño de políticas públicas.

Colaboración entre Sectores: Empresas, Gobierno y Sociedad Civil Trabajando Juntos

La colaboración entre sectores es esencial para una gobernanza efectiva. Empresas, gobiernos y la sociedad civil deben trabajar en conjunto para abordar los desafíos tecnológicos y garantizar que los beneficios de la innovación se compartan de manera equitativa. La transparencia y la rendición de cuentas son clave en esta colaboración.

Regulación de la Inteligencia Artificial: Encarando Desafíos Éticos y Sociales

La regulación de la inteligencia artificial se convierte en un aspecto crítico de la gobernanza tecnológica. A medida que la IA se vuelve más autónoma, es necesario establecer estándares éticos y legales que mitiguen riesgos como la discriminación algorítmica y garanticen la rendición de cuentas por decisiones automatizadas.

Inclusión y Equidad en la Era Digital: Superando Brechas Sociales

La gobernanza tecnológica debe abordar la brecha digital y promover la inclusión y equidad en la era digital. Políticas que garanticen el acceso a la tecnología, la educación digital y la participación equitativa en la economía digital son esenciales para evitar la marginalización de comunidades.

Protección de la Privacidad en un Mundo Conectado: Derechos Individuales en el Centro

La protección de la privacidad es una prioridad en la gobernanza tecnológica. Se requieren políticas que salvaguarden los derechos individuales en un mundo cada vez más conectado, con un énfasis en la transparencia en la recopilación y uso de datos personales.

Conclusiones: Diseñando un Futuro Regulado y Equitativo

En conclusión, la gobernanza tecnológica y las políticas públicas desempeñan un papel crucial en la creación de un futuro regulado y equitativo en la era de la innovación. La adaptabilidad, la ética y la colaboración son esenciales para diseñar marcos reguladores que permitan el progreso tecnológico sin comprometer valores fundamentales. Este capítulo destaca la necesidad de una gobernanza efectiva que garantice que la tecnología sea un instrumento para el bienestar general y el progreso sostenible.

Ética y Responsabilidad en la Sociedad Digital: Hacia una Convivencia Consciente

En este último capítulo, nos sumergimos en la importancia de la ética y la responsabilidad en la sociedad digital. Examinamos cómo los individuos, las comunidades y las instituciones pueden cultivar una convivencia consciente en un mundo cada vez más digitalizado.

Alfabetización Digital y Ética en la Sociedad: Empoderando a Individuos Informados

La alfabetización digital y ética se convierten en herramientas esenciales para empoderar a los individuos en la sociedad digital. Comprender los fundamentos éticos de la tecnología y saber cómo navegar de manera segura en línea son componentes críticos para la participación consciente en la era digital.

Ciudadanía Digital Responsable: Contribuyendo Positivamente al Ciberespacio

La ciudadanía digital implica la responsabilidad de contribuir positivamente al ciberespacio. Desde la promoción de la información veraz hasta el respeto en las interacciones en línea, los ciudadanos digitales juegan un papel crucial en la construcción de comunidades en línea saludables y éticas.

Ética en las Redes Sociales: Construyendo Comunidades Virtuales Respetuosas

Las redes sociales, como plataformas omnipresentes, requieren consideraciones éticas particulares. La privacidad, la veracidad de la información y la promoción de un entorno respetuoso son aspectos fundamentales en la ética de las redes sociales. Los usuarios tienen la responsabilidad de contribuir a comunidades en línea positivas.

Ética en la Inteligencia Artificial Personal: Interactuando con Asistentes Virtuales y Sistemas Autónomos

A medida que la inteligencia artificial personal se vuelve común, la ética en la interacción con asistentes virtuales y sistemas autónomos cobra relevancia. La claridad en la comunicación, la toma de decisiones ética y el respeto por la autonomía del usuario son elementos cruciales en estas interacciones.

Desafíos Éticos de la Realidad Virtual: Navegando por Mundos Virtuales Responsablemente

La realidad virtual plantea desafíos éticos, desde la representación de la realidad hasta el impacto en la salud mental. Los usuarios y desarrolladores tienen la responsabilidad de utilizar esta tecnología de manera ética y considerada, evitando efectos adversos y promoviendo experiencias positivas.

Ciudadanía Global en la Sociedad Digital: Construyendo Puentes y Superando Barreras

La sociedad digital trasciende las fronteras nacionales, y la ciudadanía global implica la responsabilidad de construir puentes y superar barreras. La empatía digital, el respeto por la diversidad cultural y la colaboración en línea son aspectos esenciales de una ciudadanía global consciente.

Forjando un Futuro Ético y Consciente

Forjar un futuro ético y consciente requiere la colaboración de individuos, comunidades, empresas y gobiernos. En un mundo digitalizado, la toma de decisiones éticas se convierte en un imperativo para garantizar un futuro que respete los valores fundamentales de la humanidad.

5.Ética y Responsabilidad

Consideraciones Éticas en la Investigación Científica: El Compromiso con la Integridad

La investigación científica es la base sobre la cual se construye el conocimiento y la innovación. Sin embargo, este proceso debe estar arraigado en principios éticos sólidos. La integridad en la recopilación y presentación de datos, así como en la interpretación de resultados, es esencial. Además, la transparencia en los métodos utilizados y la revisión ética de la investigación con seres humanos o animales son prácticas fundamentales. La garantía de la calidad ética de la investigación no solo asegura la confianza en los resultados, sino que también protege los derechos y la dignidad de aquellos involucrados en el proceso.

Responsabilidad Social de los Avances Tecnológicos: Más Allá de la Innovación

La tecnología, como fuerza impulsora de la sociedad moderna, conlleva una responsabilidad social significativa. La creación y aplicación de nuevas tecnologías deben considerar sus posibles impactos en la sociedad. La equidad en el acceso, la minimización de riesgos y la maximización de beneficios para toda la sociedad son imperativos éticos. Además, se debe tener en cuenta la sostenibilidad a largo plazo y la posible ampliación de brechas sociales para garantizar que los avances tecnológicos no solo sean innovadores, sino también socialmente responsables.

Ética en la Inteligencia Artificial (IA) y la Automatización: Decisiones Conscientes

Con el aumento de la inteligencia artificial y la automatización, surgen desafíos éticos únicos. La toma de decisiones autónoma de las máquinas plantea preguntas sobre la responsabilidad y la transparencia. Los diseñadores y desarrolladores de sistemas de IA tienen la responsabilidad ética de garantizar que estos sistemas respeten los valores humanos, eviten sesgos y cuenten con mecanismos de rendición de cuentas claros.

Desafíos Éticos en la Edición Genética y Biotecnología: Jugando a Ser Creadores

La edición genética y la biotecnología ofrecen posibilidades emocionantes, pero también plantean desafíos éticos. La capacidad de alterar la herencia genética implica responsabilidades significativas. Los científicos y reguladores deben considerar cuidadosamente los riesgos asociados, la equidad en el acceso a estas tecnologías y las posibles implicaciones para la diversidad genética y la igualdad.

Ética en la Recopilación y Uso de Datos Personales: Protegiendo la Privacidad en la Era Digital

En la era digital, la recopilación y el uso de datos personales son ubicuos. La ética en este contexto implica proteger la privacidad individual, garantizando el consentimiento informado y evitando la explotación de la información personal. La responsabilidad recae en las empresas y organizaciones para establecer prácticas de gestión de datos éticas y seguras.

Ética Ambiental en la Tecnología: Mitigando Impactos Negativos

El desarrollo tecnológico a menudo está asociado con impactos ambientales. Desde la extracción de recursos hasta la generación de residuos electrónicos, la ética ambiental implica minimizar los efectos negativos de la tecnología en el medio ambiente. La responsabilidad de los innovadores tecnológicos incluye la consideración cuidadosa de la sostenibilidad y la adopción de prácticas respetuosas con el medio ambiente.

Conclusión: Navegando Éticamente en la Era Tecnológica

En conclusión, la ética y la responsabilidad son faros necesarios en la investigación científica y el desarrollo tecnológico. Al abrazar principios éticos sólidos, desde la fase inicial de la investigación hasta la implementación de tecnologías en la sociedad, podemos construir un camino hacia la innovación consciente y socialmente responsable. Este capítulo destaca la necesidad de un enfoque ético en la ciencia y la tecnología para garantizar que avancemos hacia un futuro donde la innovación esté alineada con los valores fundamentales de la humanidad.

Ética y Tecnología: Un Futuro Guiado por Principios Humanos

En este capítulo, exploraremos cómo la ética y la tecnología pueden converger para construir un futuro guiado por principios humanos. Analizaremos la importancia de la ética en el diseño de tecnologías, el impacto en la vida cotidiana y cómo podemos cultivar una relación equitativa y ética con las herramientas tecnológicas emergentes.

Diseño Ético de Tecnologías: Más Allá de la Funcionalidad

El diseño ético de tecnologías es esencial para garantizar que los productos y servicios tecnológicos respeten los valores humanos fundamentales. Esto implica considerar no solo la funcionalidad y eficiencia, sino también los posibles impactos sociales, culturales y éticos. Los diseñadores y desarrolladores tienen la responsabilidad de anticipar y abordar posibles implicaciones éticas en todas las etapas del proceso de creación.

Ética en la Inteligencia Artificial y la Toma de Decisiones Autónoma: Humanizando la Tecnología

A medida que la inteligencia artificial se vuelve más autónoma, la ética desempeña un papel crucial en la humanización de estas tecnologías. La transparencia en los algoritmos, la explicabilidad de las decisiones y la inclusión de consideraciones éticas en el diseño de sistemas de IA son imperativos para garantizar que estas tecnologías no solo sean eficientes, sino también éticas y respetuosas con los derechos humanos.

Impacto Ético en la Vida Cotidiana: Navegando por la Sociedad Conectada

La tecnología se ha integrado profundamente en nuestra vida cotidiana, desde la comunicación hasta la gestión de la salud y el entretenimiento. La ética en la vida cotidiana implica una comprensión consciente de cómo utilizamos y nos relacionamos con la tecnología. La gestión ética de la información personal, la participación activa en el espacio digital y la conciencia de los efectos sociales de nuestras acciones en línea son consideraciones fundamentales.

Ética en la Educación Tecnológica: Formando Ciudadanos Digitales Conscientes

La educación desempeña un papel fundamental en la formación de ciudadanos digitales éticos y conscientes. Integrar la ética en la educación tecnológica, desde las escuelas primarias hasta la educación superior, es esencial para cultivar una generación que comprenda y aplique principios éticos en su interacción con la tecnología.

Empoderamiento y Ética en la Innovación: Hacia un Futuro Participativo

La ética no solo debe ser un conjunto de principios impuestos desde arriba, sino también una fuerza empoderadora que involucre a la sociedad en el proceso de innovación. La participación ciudadana en la toma de decisiones tecnológicas, la diversidad de perspectivas y la inclusión de voces marginadas son elementos clave para construir un futuro tecnológico equitativo y ético.

Desafíos Éticos en la Realidad Virtual y Aumentada: Creando Espacios Virtuales Éticos

La realidad virtual y aumentada presentan desafíos éticos únicos, desde cuestiones de privacidad hasta la creación de entornos virtuales éticos. La responsabilidad recae en los desarrolladores y usuarios para garantizar que estas tecnologías se utilicen de manera respetuosa y que se aborden los problemas éticos emergentes a medida que evolucionan.

Reflexiones Finales: Forjando una Alianza Ética con la Tecnología

En conclusión, este capítulo destaca la necesidad de forjar una alianza ética con la tecnología. Al integrar la ética en el diseño, implementación y uso cotidiano de las tecnologías, podemos crear un futuro donde la innovación no solo sea eficiente sino también ética y respetuosa con los valores humanos. Esta alianza ética nos guiará hacia un futuro donde la tecnología sea una herramienta para el bienestar humano y la construcción de una sociedad equitativa y consciente.

Ética y Tecnología: Un Futuro Guiado por Principios Humanos

En este último segmento, exploraremos cómo la ética y la tecnología pueden converger para construir un futuro guiado por principios humanos. Analizaremos la importancia de la ética en el diseño de tecnologías, su impacto en la vida cotidiana y cómo podemos cultivar una relación equitativa y ética con las herramientas tecnológicas emergentes.

Diseño Ético de Tecnologías: Más Allá de la Funcionalidad

El diseño ético de tecnologías va más allá de la mera funcionalidad; implica la consideración de impactos sociales, culturales y éticos. Los diseñadores y desarrolladores tienen la responsabilidad de anticipar y abordar posibles implicaciones éticas en todas las etapas del proceso de creación. La ética no debería ser un complemento, sino una parte intrínseca del desarrollo tecnológico.

Ética en la Inteligencia Artificial y la Toma de Decisiones Autónoma: Humanizando la Tecnología

A medida que la inteligencia artificial evoluciona hacia una toma de decisiones más autónoma, la ética se convierte en el vínculo humano necesario. La transparencia en los algoritmos, la explicabilidad de las decisiones y la inclusión de consideraciones éticas en el diseño de sistemas de IA son esenciales. Buscamos no solo eficiencia, sino también ética y respeto por los derechos humanos.

Impacto Ético en la Vida Cotidiana: Navegando por la Sociedad Conectada

La tecnología está profundamente integrada en nuestra vida cotidiana, y su uso ético implica una comprensión consciente. La gestión ética de la información personal, la participación activa en el espacio digital y la conciencia de los efectos sociales de nuestras acciones en línea son consideraciones fundamentales. La ética se manifiesta en nuestras interacciones diarias con la tecnología.

Ética en la Educación Tecnológica: Formando Ciudadanos Digitales Conscientes

La ética no solo se practica, sino que también se enseña. Integrar la ética en la educación tecnológica es esencial para cultivar una generación que comprenda y aplique principios éticos en su interacción con la tecnología. La formación de ciudadanos digitales conscientes comienza en las aulas, promoviendo el pensamiento crítico y la responsabilidad ética desde temprana edad.

Empoderamiento y Ética en la Innovación: Hacia un Futuro Participativo

La ética no debe ser un conjunto de principios impuestos, sino una fuerza empoderadora que involucre a la sociedad en el proceso de innovación. La participación ciudadana en la toma de decisiones tecnológicas, la diversidad de perspectivas y la inclusión de voces marginadas son elementos clave. Forjamos un futuro participativo y ético cuando cada individuo se convierte en parte activa de la creación tecnológica.

Desafíos Éticos en la Realidad Virtual y Aumentada: Creando Espacios Virtuales Éticos

La realidad virtual y aumentada presentan desafíos éticos únicos. Desde cuestiones de privacidad hasta la creación de entornos virtuales éticos, la responsabilidad recae en los desarrolladores y usuarios. Garantizar que estas tecnologías se utilicen de manera respetuosa y que se aborden los problemas éticos emergentes es esencial a medida que evolucionan y se integran más profundamente en nuestras vidas.

Reflexiones Finales: Forjando una Alianza Ética con la Tecnología

En conclusión, destacamos la necesidad de forjar una alianza ética con la tecnología. Integrar la ética en el diseño, implementación y uso cotidiano de las tecnologías nos guiará hacia un futuro donde la innovación no solo sea eficiente sino también ética y respetuosa con los valores humanos. Esta alianza ética nos conducirá a un futuro donde la tecnología sea una herramienta para el bienestar humano y la construcción de una sociedad equitativa y consciente. La relación entre ética y tecnología no solo es inevitable, sino esencial para construir un futuro que refleje los principios fundamentales de la humanidad.

Ética y Tecnología: Navegando el Futuro Juntos

Este capítulo concluye nuestra exploración sobre la intersección entre ética y tecnología, destacando cómo estos dos elementos pueden converger para dar forma a un futuro guiado por principios humanos. En nuestro viaje, hemos analizado la importancia de la ética en el diseño tecnológico, su impacto en la vida cotidiana y cómo podemos cultivar una relación ética y equitativa con las tecnologías emergentes.

Diseño Ético de Tecnologías: Más Allá de la Funcionalidad

El diseño ético de tecnologías es un compromiso constante con la integración de valores humanos en la innovación. La ética no debe ser una ocurrencia tardía, sino un componente fundamental desde la concepción de cualquier tecnología. Los diseñadores y desarrolladores deben ser guardianes de principios éticos, asegurándose de que sus creaciones reflejen la integridad y respeten la diversidad de experiencias humanas.

Ética en la Inteligencia Artificial y la Toma de Decisiones Autónoma: Humanizando la Tecnología

En la era de la inteligencia artificial, infundir ética en la toma de decisiones autónoma es esencial. Humanizar la tecnología implica no solo garantizar la precisión de los algoritmos, sino también considerar sus implicaciones sociales y éticas. La transparencia y la rendición de cuentas se convierten en baluartes clave para mantener la confianza en la IA y preservar los valores humanos en un entorno cada vez más automatizado.

Impacto Ético en la Vida Cotidiana: Navegando por la Sociedad Conectada

La ética en la vida cotidiana se manifiesta en nuestras elecciones digitales y en cómo interactuamos con la tecnología. La gestión ética de la información personal, la promoción de la veracidad en línea y el respeto por la privacidad son deberes cotidianos. Nuestra conciencia ética determina cómo utilizamos la tecnología para construir conexiones significativas y contribuir al bienestar colectivo.

Ética en la Educación Tecnológica: Formando Ciudadanos Digitales Conscientes

La educación desempeña un papel crucial en la formación de ciudadanos digitales éticos. Integrar la ética en la educación tecnológica es plantar las semillas de la responsabilidad y el discernimiento. Los futuros líderes y creadores deben comprender la ética no solo como un marco teórico, sino como una guía práctica para la toma de decisiones informadas y éticas en el mundo digital.

Empoderamiento y Ética en la Innovación: Hacia un Futuro Participativo

La ética no debe ser un conjunto de normas impuestas, sino un poder que empodere a la sociedad. La innovación ética requiere la participación activa de diversos actores en la toma de decisiones tecnológicas. Al fomentar la diversidad de perspectivas y la inclusión, forjamos un futuro participativo donde cada individuo contribuye a la formación de la tecnología de manera ética y equitativa.

Desafíos Éticos en la Realidad Virtual y Aumentada: Creando Espacios Virtuales Éticos

En el mundo emergente de la realidad virtual y aumentada, los desafíos éticos son ineludibles. La responsabilidad recae tanto en los creadores como en los usuarios para garantizar que estos espacios virtuales sean éticos y respetuosos. La ética en la realidad virtual se convierte en un faro que guía la exploración de mundos virtuales de manera ética y considerada.

Reflexiones Finales: Forjando una Alianza Ética con la Tecnología

En conclusión, el futuro de la tecnología se moldeará por nuestra capacidad de forjar una alianza ética con ella. Integrar la ética en todas las facetas de la tecnología, desde su diseño hasta su uso diario, nos encaminará hacia un futuro donde la innovación no solo sea eficiente, sino también ética y respetuosa con los valores humanos. Esta alianza ética nos conducirá a un futuro donde la tecnología sea una herramienta para el bienestar humano y la construcción de una sociedad equitativa y consciente. La relación entre ética y tecnología no solo es inevitable, sino esencial para construir un futuro que refleje los principios fundamentales de la humanidad. Sigamos navegando este camino ético hacia un mañana tecnológico más brillante y humanizado.

Ética y Tecnología: Navegando Juntos hacia un Futuro Humanizado

Este capítulo concluye nuestra travesía por la intersección de ética y tecnología, destacando la convergencia de estos elementos para moldear un futuro guiado por principios humanos. Hemos explorado la importancia de la ética en el diseño tecnológico, su influencia en la vida cotidiana y cómo podemos construir una relación ética y equitativa con las tecnologías emergentes.

Diseño Ético de Tecnologías: Más Allá de la Funcionalidad

El diseño ético de tecnologías es un compromiso continuo con la integración de valores humanos en la innovación. La ética no debe ser una ocurrencia tardía, sino un componente fundamental desde la concepción de cualquier tecnología. Los diseñadores y desarrolladores deben ser guardianes de principios éticos, asegurándose de que sus creaciones reflejen la integridad y respeten la diversidad de experiencias humanas.

Ética en la Inteligencia Artificial y la Toma de Decisiones Autónoma: Humanizando la Tecnología

A medida que la inteligencia artificial evoluciona hacia una toma de decisiones más autónoma, la ética se convierte en el vínculo humano necesario. La transparencia y la rendición de cuentas son esenciales para mantener la confianza en la IA y preservar los valores humanos en un entorno cada vez más automatizado.

Impacto Ético en la Vida Cotidiana: Navegando por la Sociedad Conectada

La ética en la vida cotidiana se manifiesta en nuestras elecciones digitales y en cómo interactuamos con la tecnología. La gestión ética de la información personal, la promoción de la veracidad en línea y el respeto por la privacidad son deberes cotidianos. Nuestra conciencia ética determina cómo utilizamos la tecnología para construir conexiones significativas y contribuir al bienestar colectivo.

Ética en la Educación Tecnológica: Formando Ciudadanos Digitales Conscientes

La educación desempeña un papel crucial en la formación de ciudadanos digitales éticos. Integrar la ética en la educación tecnológica es plantar las semillas de la responsabilidad y el discernimiento. Los futuros líderes y creadores deben comprender la ética no solo como un marco teórico, sino como una guía práctica para la toma de decisiones informadas y éticas en el mundo digital.

Empoderamiento y Ética en la Innovación: Hacia un Futuro Participativo

La ética no debe ser un conjunto de normas impuestas, sino un poder que empodere a la sociedad. La innovación ética requiere la participación activa de diversos actores en la toma de decisiones tecnológicas. Al fomentar la diversidad de perspectivas y la inclusión, forjamos un futuro participativo donde cada individuo contribuye a la formación de la tecnología de manera ética y equitativa.

Desafíos Éticos en la Realidad Virtual y Aumentada: Creando Espacios Virtuales Éticos

En el mundo emergente de la realidad virtual y aumentada, los desafíos éticos son ineludibles. La responsabilidad recae tanto en los creadores como en los usuarios para garantizar que estos espacios virtuales sean éticos y respetuosos. La ética en la realidad virtual se convierte en un faro que guía la exploración de mundos virtuales de manera ética y considerada.

Reflexiones Finales: Forjando una Alianza Ética con la Tecnología

En conclusión, el futuro de la tecnología se moldeará por nuestra capacidad de forjar una alianza ética con ella. Integrar la ética en todas las facetas de la tecnología, desde su diseño hasta su uso diario, nos encaminará hacia un futuro donde la innovación no solo sea eficiente, sino también ética y respetuosa con los valores humanos. Esta alianza ética nos conducirá a un futuro donde la tecnología sea una herramienta para el bienestar humano y la construcción de una sociedad equitativa y consciente. La relación entre ética y tecnología no solo es inevitable, sino esencial para construir un futuro que refleje los principios fundamentales de la humanidad. Sigamos navegando este camino ético hacia un mañana tecnológico más brillante y humanizado.

Ética y Tecnología: Navegando Juntos hacia un Futuro Humanizado

Este capítulo concluye nuestra travesía por la intersección de ética y tecnología, destacando la convergencia de estos elementos para moldear un futuro guiado por principios humanos. Hemos explorado la importancia de la ética en el diseño tecnológico, su influencia en la vida cotidiana y cómo podemos construir una relación ética y equitativa con las tecnologías emergentes.

Diseño Ético de Tecnologías: Más Allá de la Funcionalidad

El diseño ético de tecnologías es un compromiso continuo con la integración de valores humanos en la innovación. La ética no debe ser una ocurrencia tardía, sino un componente fundamental desde la concepción de cualquier tecnología. Los diseñadores y desarrolladores deben ser guardianes de principios éticos, asegurándose de que sus creaciones reflejen la integridad y respeten la diversidad de experiencias humanas.

Ética en la Inteligencia Artificial y la Toma de Decisiones Autónoma: Humanizando la Tecnología

A medida que la inteligencia artificial evoluciona hacia una toma de decisiones más autónoma, la ética se convierte en el vínculo humano necesario. La transparencia y la rendición de cuentas son esenciales para mantener la confianza en la IA y preservar los valores humanos en un entorno cada vez más automatizado.

Impacto Ético en la Vida Cotidiana: Navegando por la Sociedad Conectada

La ética en la vida cotidiana se manifiesta en nuestras elecciones digitales y en cómo interactuamos con la tecnología. La gestión ética de la información personal, la promoción de la veracidad en línea y el respeto por la privacidad son deberes cotidianos. Nuestra conciencia ética determina cómo utilizamos la tecnología para construir conexiones significativas y contribuir al bienestar colectivo.

Ética en la Educación Tecnológica: Formando Ciudadanos Digitales Conscientes

La educación desempeña un papel crucial en la formación de ciudadanos digitales éticos. Integrar la ética en la educación tecnológica es plantar las semillas de la responsabilidad y el discernimiento. Los futuros líderes y creadores deben comprender la ética no solo como un marco teórico, sino como una guía práctica para la toma de decisiones informadas y éticas en el mundo digital.

Empoderamiento y Ética en la Innovación: Hacia un Futuro Participativo

La ética no debe ser un conjunto de normas impuestas, sino un poder que empodere a la sociedad. La innovación ética requiere la participación activa de diversos actores en la toma de decisiones tecnológicas. Al fomentar la diversidad de perspectivas y la inclusión, forjamos un futuro participativo donde cada individuo contribuye a la formación de la tecnología de manera ética y equitativa.

Desafíos Éticos en la Realidad Virtual y Aumentada: Creando Espacios Virtuales Éticos

En el mundo emergente de la realidad virtual y aumentada, los desafíos éticos son ineludibles. La responsabilidad recae tanto en los creadores como en los usuarios para garantizar que estos espacios virtuales sean éticos y respetuosos. La ética en la realidad virtual se convierte en un faro que guía la exploración de mundos virtuales de manera ética y considerada.

Reflexiones Finales: Forjando una Alianza Ética con la Tecnología

En conclusión, el futuro de la tecnología se moldeará por nuestra capacidad de forjar una alianza ética con ella. Integrar la ética en todas las facetas de la tecnología, desde su diseño hasta su uso diario, nos encaminará hacia un futuro donde la innovación no solo sea eficiente, sino también ética y respetuosa con los valores humanos. Esta alianza ética nos conducirá a un futuro donde la tecnología sea una herramienta para el bienestar humano y la construcción de una sociedad equitativa y consciente. La relación entre ética y tecnología no solo es inevitable, sino esencial para construir un futuro que refleje los principios fundamentales de la humanidad. Sigamos navegando este camino ético hacia un mañana tecnológico más brillante y humanizado.

Ética y Tecnología: Navegando Juntos hacia un Futuro Humanizado

Este capítulo concluye nuestra travesía por la intersección de ética y tecnología, destacando la convergencia de estos elementos para moldear un futuro guiado por principios humanos. Hemos explorado la importancia de la ética en el diseño tecnológico, su influencia en la vida cotidiana y cómo podemos construir una relación ética y equitativa con las tecnologías emergentes.

Diseño Ético de Tecnologías: Más Allá de la Funcionalidad

El diseño ético de tecnologías es un compromiso continuo con la integración de valores humanos en la innovación. La ética no debe ser una ocurrencia tardía, sino un componente fundamental desde la concepción de cualquier tecnología. Los diseñadores y desarrolladores deben ser guardianes de principios éticos, asegurándose de que sus creaciones reflejen la integridad y respeten la diversidad de experiencias humanas.

Ética en la Inteligencia Artificial y la Toma de Decisiones Autónoma: Humanizando la Tecnología

A medida que la inteligencia artificial evoluciona hacia una toma de decisiones más autónoma, la ética se convierte en el vínculo humano necesario. La transparencia y la rendición de cuentas son esenciales para mantener la confianza en la IA y preservar los valores humanos en un entorno cada vez más automatizado.

Impacto Ético en la Vida Cotidiana: Navegando por la Sociedad Conectada

La ética en la vida cotidiana se manifiesta en nuestras elecciones digitales y en cómo interactuamos con la tecnología. La gestión ética de la información personal, la promoción de la veracidad en línea y el respeto por la privacidad son deberes cotidianos. Nuestra conciencia ética determina cómo utilizamos la tecnología para construir conexiones significativas y contribuir al bienestar colectivo.

Ética en la Educación Tecnológica: Formando Ciudadanos Digitales Conscientes

La educación desempeña un papel crucial en la formación de ciudadanos digitales éticos. Integrar la ética en la educación tecnológica es plantar las semillas de la responsabilidad y el discernimiento. Los futuros líderes y creadores deben comprender la ética no solo como un marco teórico, sino como una guía práctica para la toma de decisiones informadas y éticas en el mundo digital.

Empoderamiento y Ética en la Innovación: Hacia un Futuro Participativo

La ética no debe ser un conjunto de normas impuestas, sino un poder que empodere a la sociedad. La innovación ética requiere la participación activa de diversos actores en la toma de decisiones tecnológicas. Al fomentar la diversidad de perspectivas y la inclusión, forjamos un futuro participativo donde cada individuo contribuye a la formación de la tecnología de manera ética y equitativa.

Desafíos Éticos en la Realidad Virtual y Aumentada: Creando Espacios Virtuales Éticos

En el mundo emergente de la realidad virtual y aumentada, los desafíos éticos son ineludibles. La responsabilidad recae tanto en los creadores como en los usuarios para garantizar que estos espacios virtuales sean éticos y respetuosos. La ética en la realidad virtual se convierte en un faro que guía la exploración de mundos virtuales de manera ética y considerada.

Reflexiones Finales: Forjando una Alianza Ética con la Tecnología

En conclusión, el futuro de la tecnología se moldeará por nuestra capacidad de forjar una alianza ética con ella. Integrar la ética en todas las facetas de la tecnología, desde su diseño hasta su uso diario, nos encaminará hacia un futuro donde la innovación no solo sea eficiente, sino también ética y respetuosa con los valores humanos. Esta alianza ética nos conducirá a un futuro donde la tecnología sea una herramienta para el bienestar humano y la construcción de una sociedad equitativa y consciente. La relación entre ética y tecnología no solo es inevitable, sino esencial para construir un futuro que refleje los principios fundamentales de la humanidad. Sigamos navegando este camino ético hacia un mañana tecnológico más brillante y humanizado.

Ética y Tecnología: Navegando Juntos hacia un Futuro Humanizado

Este capítulo concluye nuestra travesía por la intersección de ética y tecnología, destacando la convergencia de estos elementos para moldear un futuro guiado por principios humanos. Hemos explorado la importancia de la ética en el diseño tecnológico, su influencia en la vida cotidiana y cómo podemos construir una relación ética y equitativa con las tecnologías emergentes.

Diseño Ético de Tecnologías: Más Allá de la Funcionalidad

El diseño ético de tecnologías es un compromiso continuo con la integración de valores humanos en la innovación. La ética no debe ser una ocurrencia tardía, sino un componente fundamental desde la concepción de cualquier tecnología. Los diseñadores y desarrolladores deben ser guardianes de principios éticos, asegurándose de que sus creaciones reflejen la integridad y respeten la diversidad de experiencias humanas.

Ética en la Inteligencia Artificial y la Toma de Decisiones Autónoma: Humanizando la Tecnología

A medida que la inteligencia artificial evoluciona hacia una toma de decisiones más autónoma, la ética se convierte en el vínculo humano necesario. La transparencia y la rendición de cuentas son esenciales para mantener la confianza en la IA y preservar los valores humanos en un entorno cada vez más automatizado.

Impacto Ético en la Vida Cotidiana: Navegando por la Sociedad Conectada

La ética en la vida cotidiana se manifiesta en nuestras elecciones digitales y en cómo interactuamos con la tecnología. La gestión ética de la información personal, la promoción de la veracidad en línea y el respeto por la privacidad son deberes cotidianos. Nuestra conciencia ética determina cómo utilizamos la tecnología para construir conexiones significativas y contribuir al bienestar colectivo.

Ética en la Educación Tecnológica: Formando Ciudadanos Digitales Conscientes

La educación desempeña un papel crucial en la formación de ciudadanos digitales éticos. Integrar la ética en la educación tecnológica es plantar las semillas de la responsabilidad y el discernimiento. Los futuros líderes y creadores deben comprender la ética no solo como un marco teórico, sino como una guía práctica para la toma de decisiones informadas y éticas en el mundo digital.

Empoderamiento y Ética en la Innovación: Hacia un Futuro Participativo

La ética no debe ser un conjunto de normas impuestas, sino un poder que empodere a la sociedad. La innovación ética requiere la participación activa de diversos actores en la toma de decisiones tecnológicas. Al fomentar la diversidad de perspectivas y la inclusión, forjamos un futuro participativo donde cada individuo contribuye a la formación de la tecnología de manera ética y equitativa.

Desafíos Éticos en la Realidad Virtual y Aumentada: Creando Espacios Virtuales Éticos

En el mundo emergente de la realidad virtual y aumentada, los desafíos éticos son ineludibles. La responsabilidad recae tanto en los creadores como en los usuarios para garantizar que estos espacios virtuales sean éticos y respetuosos. La ética en la realidad virtual se convierte en un faro que guía la exploración de mundos virtuales de manera ética y considerada.

Reflexiones Finales: Forjando una Alianza Ética con la Tecnología

En conclusión, el futuro de la tecnología se moldeará por nuestra capacidad de forjar una alianza ética con ella. Integrar la ética en todas las facetas de la tecnología, desde su diseño hasta su uso diario, nos encaminará hacia un futuro donde la innovación no solo sea eficiente, sino también ética y respetuosa con los valores humanos. Esta alianza ética nos conducirá a un futuro donde la tecnología sea una herramienta para el bienestar humano y la construcción de una sociedad equitativa y consciente. La relación entre ética y tecnología no solo es inevitable, sino esencial para construir un futuro que refleje los principios fundamentales de la humanidad. Sigamos navegando este camino ético hacia un mañana tecnológico más brillante y humanizado.

Ética y Tecnología: Navegando Juntos hacia un Futuro Humanizado

Este capítulo concluye nuestra travesía por la intersección de ética y tecnología, destacando la convergencia de estos elementos para moldear un futuro guiado por principios humanos. Hemos explorado la importancia de la ética en el diseño tecnológico, su influencia en la vida cotidiana y cómo podemos construir una relación ética y equitativa con las tecnologías emergentes.

Diseño Ético de Tecnologías: Más Allá de la Funcionalidad

El diseño ético de tecnologías es un compromiso continuo con la integración de valores humanos en la innovación. La ética no debe ser una ocurrencia tardía, sino un componente fundamental desde la concepción de cualquier tecnología. Los diseñadores y desarrolladores deben ser guardianes de principios éticos, asegurándose de que sus creaciones reflejen la integridad y respeten la diversidad de experiencias humanas.

Ética en la Inteligencia Artificial y la Toma de Decisiones Autónoma: Humanizando la Tecnología

A medida que la inteligencia artificial evoluciona hacia una toma de decisiones más autónoma, la ética se convierte en el vínculo humano necesario. La transparencia y la rendición de cuentas son esenciales para mantener la confianza en la IA y preservar los valores humanos en un entorno cada vez más automatizado.

Impacto Ético en la Vida Cotidiana: Navegando por la Sociedad Conectada

La ética en la

vida cotidiana se manifiesta en nuestras elecciones digitales y en cómo interactuamos con la tecnología. La gestión ética de la información personal, la promoción de la veracidad en línea y el respeto por la privacidad son deberes cotidianos. Nuestra conciencia ética determina cómo utilizamos la tecnología para construir conexiones significativas y contribuir al bienestar colectivo.

Ética en la Educación Tecnológica: Formando Ciudadanos Digitales Conscientes

La educación desempeña un papel crucial en la formación de ciudadanos digitales éticos. Integrar la ética en la educación tecnológica es plantar las semillas de la responsabilidad y el discernimiento. Los futuros líderes y creadores deben comprender la ética no solo como un marco teórico, sino como una guía práctica para la toma de decisiones informadas y éticas en el mundo digital.

Empoderamiento y Ética en la Innovación: Hacia un Futuro Participativo

La ética no debe ser un conjunto de normas impuestas, sino un poder que empodere a la sociedad. La innovación ética requiere la participación activa de diversos actores en la toma de decisiones tecnológicas. Al fomentar la diversidad de perspectivas y la inclusión, forjamos un futuro participativo donde cada individuo contribuye a la formación de la tecnología de manera ética y equitativa.

Desafíos Éticos en la Realidad Virtual y Aumentada: Creando Espacios Virtuales Éticos

En el mundo emergente de la realidad virtual y aumentada, los desafíos éticos son ineludibles. La responsabilidad recae tanto en los creadores como en los usuarios para garantizar que estos espacios virtuales sean éticos y respetuosos. La ética en la realidad virtual se convierte en un faro que guía la exploración de mundos virtuales de manera ética y considerada.

Forjando una Alianza Ética con la Tecnología

En conclusión, el futuro de la tecnología se moldeará por nuestra capacidad de forjar una alianza ética con ella. Integrar la ética en todas las facetas de la tecnología, desde su diseño hasta su uso diario, nos encaminará hacia un futuro donde la innovación no solo sea eficiente, sino también ética y respetuosa con los valores humanos.

Esta alianza ética nos conducirá a un futuro donde la tecnología sea una herramienta para el bienestar humano y la construcción de una sociedad equitativa y consciente. La relación entre ética y tecnología no solo es inevitable, sino esencial para construir un futuro que refleje los principios fundamentales de la humanidad.

6.Innovación y Emprendimiento:

Innovación y Emprendimiento: Explorando Horizontes Infinitos

Este capítulo nos sumerge en el campo de la innovación y el emprendimiento, donde las mentes creativas y visionarias convergen para trazar nuevas sendas en el panorama tecnológico.

Casos de Éxito en la Innovación

Ejemplo 1: Transformación Digital en la Industria de la Salud

La adopción estratégica de tecnologías como el análisis de datos, la inteligencia artificial y la telemedicina ha revolucionado la atención médica. Casos como el desarrollo de plataformas que permiten la monitorización remota de pacientes y la optimización de diagnósticos mediante algoritmos avanzados han allanado el camino para una atención más eficiente y personalizada.

Ejemplo 2: Movilidad Sostenible y Vehículos Eléctricos

Emprendedores audaces han liderado la transición hacia la movilidad sostenible. Empresas que han apostado por la innovación en vehículos eléctricos, sistemas de carga rápida y soluciones inteligentes de gestión de flotas han contribuido significativamente a la reducción de la huella ambiental, mostrando cómo la tecnología puede impulsar el cambio hacia un futuro más sostenible.

El Papel de la Tecnología en el Emprendimiento: Herramientas para el Futuro

La tecnología no solo es un medio para la innovación, sino también una fuerza impulsora fundamental detrás del emprendimiento moderno. Exploraremos cómo diversas tecnologías han allanado el camino para la creación y el crecimiento de startups, brindando herramientas poderosas a emprendedores visionarios.

Transformación Digital y Eficiencia Empresarial

La transformación digital, que abarca desde la implementación de sistemas de gestión empresarial hasta el uso de análisis de datos para la toma de decisiones, ha permitido a las startups ser más ágiles y eficientes. La adopción de tecnologías cloud, el uso de plataformas colaborativas y la automatización de procesos han democratizado el acceso a recursos que antes estaban reservados para grandes corporativos.

Inteligencia Artificial y Personalización de Productos/Servicios

La inteligencia artificial ha permitido la personalización a escala, brindando a emprendedores la capacidad de ofrecer productos y servicios adaptados a las necesidades específicas de cada cliente. Casos de éxito demostrarán cómo los algoritmos de aprendizaje automático han transformado industrias como la publicidad, el comercio electrónico y la atención al cliente.

Blockchain y Nuevos Modelos de Negocio

El impacto de la tecnología blockchain en la creación de nuevos modelos de negocio es corriente hoy. Desde contratos inteligentes que automatizan transacciones hasta la descentralización de servicios financieros, emprendedores están utilizando esta tecnología para construir soluciones más transparentes, seguras y eficientes.

Cerrando la Brecha entre la Innovación y el Emprendimiento

La sinergia entre la innovación y el emprendimiento, subrayando cómo la tecnología actúa como el catalizador que impulsa a visionarios a explorar horizontes infinitos. Desde casos de éxito inspiradores hasta las herramientas tecnológicas que han transformado la forma en que se inician y escalan negocios, este viaje nos invita a reflexionar sobre cómo la creatividad, la tecnología y la determinación convergen para dar forma a nuestro futuro emprendedor. La innovación no solo está en la vanguardia de la tecnología, sino que también se encuentra en el corazón de cada emprendimiento exitoso, abriendo puertas a posibilidades que solo pueden describirse como horizontes infinitos.

Emprendimiento Sostenible y Responsabilidad Social: Más Allá de las Ganancias

Emprendedores visionarios están integrando prácticas empresariales éticas, cuidado ambiental y responsabilidad social en el núcleo de sus operaciones. Este cambio hacia el emprendimiento sostenible destaca la importancia de crear valor no solo para los accionistas, sino también para la sociedad y el planeta.

Economía Circular y Emprendimiento Ambientalmente Consciente

La economía circular ha permeado el tejido del emprendimiento, inspirando modelos de negocio que minimizan el desperdicio y maximizan la reutilización de recursos. Desde la producción de bienes con materiales reciclados hasta la implementación de estrategias de reciclaje y reutilización, emprendedores están liderando iniciativas que promueven la sostenibilidad y reducen la huella ecológica.

Emprendimiento Social y Soluciones para Desafíos Globales

El emprendimiento social está abordando desafíos globales mediante soluciones innovadoras. Casos de éxito revelarán cómo empresas sociales están trabajando para combatir la pobreza, mejorar la educación y la salud, y contribuir a la igualdad de oportunidades. Estos emprendedores demuestran que es posible generar impacto positivo y, al mismo tiempo, tener éxito comercial.

El Futuro del Emprendimiento: Innovación con Propósito

Este tramo final de nuestro recorrido nos lleva a reflexionar sobre el futuro del emprendimiento y cómo la innovación continuará siendo impulsada por un propósito más amplio. Examinaremos tendencias emergentes, como la inteligencia artificial ética, la tecnología regenerativa y la conciencia social, que están dando forma al panorama emprendedor.

Inteligencia Artificial Ética y Decisiones Sostenibles

La inteligencia artificial se está integrando con un enfoque ético en el emprendimiento. Emprendedores están utilizando algoritmos de IA para tomar decisiones más éticas, reducir sesgos y crear soluciones que tengan en cuenta no solo la eficiencia económica, sino también el impacto social y ambiental.

Tecnología Regenerativa y Emprendimiento Ecológico

La tecnología regenerativa está transformando el emprendimiento en el ámbito ecológico. Empresas que se centran en la regeneración de ecosistemas, la restauración de suelos y la mitigación del cambio climático demuestran que es posible emprender con un propósito ambiental, generando beneficios tanto económicos como ecológicos.

Conciencia Social y Participación Ciudadana en la Innovación

La conciencia social está influyendo en la innovación y en la forma en que las empresas interactúan con sus comunidades. Emprendedores están adoptando enfoques más participativos, escuchando las necesidades de las comunidades locales y co-creando soluciones que tienen en cuenta las realidades sociales y culturales.

El emprendimiento no solo es un motor de innovación, sino también una fuerza que puede impulsar cambios positivos en la sociedad y el medio ambiente. Al abrazar horizontes infinitos de posibilidad, los emprendedores están desafiando las convenciones y creando un futuro donde el éxito comercial va de la mano con la responsabilidad social y ambiental.

A medida que emprendedores continúan explorando nuevas fronteras, innovando con propósito y abrazando la tecnología como una aliada en la construcción de un futuro sostenible, la narrativa del emprendimiento se convierte en una historia en constante evolución.

Ecosistema Emprendedor: Colaboración y Sinergia

El ecosistema emprendedor y la colaboración y sinergia entre distintos actores impulsan el crecimiento y la sostenibilidad. La importancia de los espacios de coworking, incubadoras y aceleradoras en el apoyo a startups y demás plataformas fomentan la interacción y el intercambio de ideas.

Espacios de Coworking y Colaboración Creativa

Los espacios de coworking han evolucionado más allá de simples lugares de trabajo compartido. Estos entornos fomentan la creatividad y el intercambio de conocimientos entre emprendedores de diversas disciplinas. La colaboración en estos espacios no solo impulsa la innovación, sino que también crea redes sólidas que son fundamentales para el éxito a largo plazo.

Incubadoras y Aceleradoras: Nurturando el Crecimiento Emprendedor

El papel crucial de las incubadoras y aceleradoras en el ciclo de vida de las startups. Estas organizaciones proporcionan recursos, mentoría y acceso a redes valiosas que aceleran el desarrollo y la madurez de nuevas empresas. Casos de éxito mostrarán cómo estas plataformas han catalizado la transformación de ideas innovadoras en empresas exitosas.

Internacionalización y Emprendimiento Global

El emprendimiento ha trascendido fronteras, impulsado por la globalización y la conectividad. Emprendedores han llevado sus ideas a mercados internacionales, superando desafíos culturales y aprovechando oportunidades globales. La tecnología ha facilitado la expansión de negocios más allá de las fronteras nacionales.

Globalización Digital y Acceso a Mercados Internacionales

La digitalización ha allanado el camino para que las startups alcancen mercados internacionales desde las etapas iniciales. La presencia en línea, estrategias de marketing digital y plataformas de comercio electrónico permiten a los emprendedores llegar a clientes globales sin las barreras tradicionales.

Colaboración Internacional y Redes Globales

Las colaboraciones internacionales y las redes de emprendedores están redefiniendo el panorama. Proyectos conjuntos, asociaciones estratégicas y programas de intercambio facilitan la transferencia de conocimientos y recursos entre emprendedores de diferentes partes del mundo, creando una red global de innovación.

Retos y Oportunidades: Navegando el Panorama Emprendedor

Los desafíos y oportunidades que enfrentan los emprendedores en la actualidad, desde la gestión de la incertidumbre hasta la adaptación a cambios tecnológicos rápidos hacen a los emprendedore ágiles y resilientes. La diversidad y la inclusión en el ecosistema emprendedor, impulsa la innovación.

Diversidad e Inclusión en el Ecosistema Emprendedor

Emprendedores de diversos orígenes aportan perspectivas únicas y enriquecedoras al proceso creativo. Las iniciativas que promueven la inclusión no solo son éticas, sino que también fortalecen la resiliencia y la capacidad de adaptación del ecosistema emprendedor.

Adaptación Continua y Resiliencia Emprendedora

El cambio constante en la tecnología, la economía y el mercado requiere emprendedores que estén dispuestos a aprender, ajustar sus estrategias y mantenerse flexibles frente a la incertidumbre.

Conectando Horizontes: Innovación, Emprendimiento y Sociedad

Nos adentramos en la intersección entre la innovación, el emprendimiento y su impacto en la sociedad. Estas fuerzas moldean el tejido social, impulsando cambios significativos y, a su vez, la sociedad influye en la dirección de la innovación y el emprendimiento.

Empoderamiento a través de la Tecnología: Inclusión Digital y Acceso Universal

La tecnología puede actuar como un agente de empoderamiento, brindando oportunidades a comunidades marginadas y conectando a individuos a nivel global. Existen muchos proyectos que buscan cerrar la brecha digital, proporcionando acceso a recursos educativos, servicios de salud y oportunidades económicas a través de la tecnología.

Inclusión Financiera y Emprendimiento en Comunidades Marginadas

Las tecnologías financieras (fintech) están transformando la inclusión financiera, permitiendo a emprendedores en comunidades marginadas acceder a servicios bancarios y financiamiento. Casos de éxito revelarían cómo estas soluciones están potenciando el espíritu emprendedor en lugares donde antes era limitado.

Innovación Social: Abordando Desafíos Globales

En la innovación social, los emprendedores y organizaciones están abordando desafíos globales mediante soluciones creativas y sostenibles. Desde proyectos que buscan resolver problemas medioambientales hasta iniciativas que mejoran la calidad de vida en áreas urbanas, la innovación social puede generar un impacto positivo.

Sostenibilidad y Responsabilidad Empresarial

La sostenibilidad y la responsabilidad empresarial son componentes esenciales de la innovación social. Emprendedores que integran prácticas sostenibles en sus operaciones, reducen su huella ambiental y contribuyen a la comunidad y demuestran cómo los negocios pueden ser motores de cambio positivo.

Colaboración entre Sectores: El Rol de Gobiernos, Empresas y Sociedad Civil

La colaboración entre gobiernos, empresas y la sociedad civil puede potenciar la innovación y el emprendimiento para abordar desafíos complejos. La colaboración intersectorial ha generado soluciones integrales y sostenibles, destacando la importancia de un enfoque holístico para resolver problemas sociales.

Alianzas Público-Privadas para el Desarrollo Sostenible

Las alianzas entre el sector público y privado están desempeñando un papel crucial en la promoción del desarrollo sostenible. Proyectos conjuntos que abordan la educación, la salud y la infraestructura son ejemplos de cómo la colaboración puede multiplicar el impacto positivo.

Ética en la Innovación y Emprendimiento Social: Guiando Nuevas Fronteras

Los principios éticos pueden guiar a emprendedores y innovadores hacia soluciones que respeten la dignidad humana, promuevan la equidad y aborden desafíos sin crear nuevos problemas éticos.

Consideraciones Éticas en la Inteligencia Artificial y la Automatización

La ética desempeña un papel fundamental en el desarrollo de tecnologías como la inteligencia artificial y la automatización. La transparencia, la equidad y la rendición de cuentas son principios éticos que deben guiar la implementación de estas tecnologías para evitar impactos negativos en la sociedad.

Nuevos Horizontes, Nuevas Posibilidades

A medida que reflexionamos sobre las conexiones intrincadas entre estas fuerzas, reconocemos que el futuro está lleno de posibilidades inexploradas. Emprendedores e innovadores están liderando el camino hacia nuevos horizontes, y al hacerlo, están transformando la sociedad y abriendo puertas a un mañana más inclusivo, sostenible y ético.

Cultivando una Mentalidad Innovadora: Todos Somos Agentes de Cambio

La innovación no se limita a laboratorios o salas de juntas; está presente en cada elección que hacemos. Ya sea encontrando soluciones más sostenibles, abrazando nuevas tecnologías o apoyando emprendimientos locales, cada individuo puede ser un agente de cambio.

Fomentando la Educación y la Inclusión Tecnológica

El conocimiento es la llave maestra para abrir nuevos horizontes. Abogamos por un enfoque continuo en la educación, asegurándonos de que las nuevas generaciones estén equipadas con las habilidades necesarias para navegar por un mundo cada vez más tecnológico. La inclusión tecnológica debe ser un objetivo prioritario, garantizando que nadie se quede atrás en esta era de rápidos avances.

Promoviendo Emprendimientos con Propósito

Animamos a aquellos con pasión y visión a emprender con propósito. Ya sea abordando problemas sociales, medioambientales o económicos, el emprendimiento puede ser una fuerza transformadora. Apoyar y celebrar emprendimientos con propósito contribuye no solo a la prosperidad económica, sino también al bienestar de la sociedad en su conjunto.

Integrando Ética en la Ciencia, Tecnología y Emprendimiento

La ética debe ser una brújula que guíe cada paso en la ciencia, la tecnología y el emprendimiento. Al abrazar valores éticos, podemos asegurarnos de que nuestros avances beneficien a la humanidad en su totalidad. Exigir transparencia, responsabilidad y equidad es fundamental para construir un futuro en el que la tecnología y la innovación sirvan a la sociedad.

Un Futuro Compartido: Colaboración por el Bien Común

Nuestro mundo está interconectado más que nunca. En lugar de ver diferencias como barreras, invitamos a la colaboración entre individuos, comunidades, empresas y gobiernos.

7. Sostenibilidad y Medio ambiente

Navegando Hacia un Futuro Resiliente

Este capítulo se sumerge en la intrincada relación entre la sostenibilidad, la tecnología verde y la investigación científica orientada a la conservación del medio ambiente. En un mundo cada vez más consciente de los desafíos ambientales, estas áreas se han convertido en pilares fundamentales para construir un futuro resiliente y equitativo.

Tecnologías Verdes: Innovación para la Sostenibilidad Ambiental

Desde la energía renovable hasta la eficiencia en la gestión de recursos, estas tecnologías buscan cambiar la trayectoria de la humanidad hacia una más armoniosa con la naturaleza. Profundizaremos en ejemplos de energía solar, eólica, y tecnologías de construcción sostenible que están dando forma a un paisaje tecnológico más respetuoso con el medio ambiente.

Energía Renovable: Transformando la Infraestructura Energética

La energía renovable ha pasado de ser una alternativa a una fuerza dominante en la infraestructura energética. Los avances en tecnologías solares y eólicas han desencadenado una revolución en la producción de energía, permitiendo la generación descentralizada y sostenible. Además, examinaremos cómo las tecnologías de almacenamiento de energía están abordando los desafíos intermitentes de fuentes renovables, garantizando un suministro constante y estable.

Eficiencia Energética y Tecnologías Sustentables

La eficiencia energética y las tecnologías sostenibles están transformando sectores como la construcción y la movilidad. Desde edificios inteligentes hasta vehículos eléctricos, estas innovaciones buscan minimizar la huella ambiental, reducir el consumo de recursos y promover prácticas más responsables desde el punto de vista ambiental.

Investigación Científica para la Conservación: Guardianes de la Biodiversidad

Este tramo del viaje nos sumerge en el mundo de la investigación científica dedicada a la conservación del medio ambiente y la biodiversidad. Investigadores y científicos se convierten en guardianes de los ecosistemas, trabajando para comprender, preservar y restaurar la riqueza biológica de nuestro planeta.

Monitoreo y Evaluación de Ecosistemas

La investigación científica utiliza tecnologías avanzadas, como la teledetección y los sistemas de información geográfica, para monitorear y evaluar la salud de los ecosistemas. Estos métodos proporcionan datos cruciales para comprender patrones de cambio, identificar amenazas y diseñar estrategias efectivas de conservación.

Biología de la Conservación: Comprendiendo y Protegiendo Especies

La disciplina de la biología de la conservación, que se centra en comprender las necesidades y comportamientos de las especies en peligro de extinción. La investigación en genética, comportamiento y ecología proporciona información vital para el diseño de estrategias de protección y programas de reproducción en cautiverio, contribuyendo a la preservación de especies amenazadas.

Desafíos Ambientales y Soluciones Globales: Una Perspectiva Integral

Los desafíos ambientales globales y cómo la combinación de tecnologías verdes e investigación científica puede proporcionar soluciones integrales. Desde la gestión de residuos hasta la adaptación al cambio climático, la convergencia de la tecnología y la investigación está allanando el camino hacia un futuro más sostenible.

Gestión de Residuos y Economía Circular

La tecnología está desempeñando un papel fundamental en la gestión de residuos y la transición hacia una economía circular. La implementación de procesos de reciclaje avanzados, la reducción del uso de plásticos y la promoción de la reutilización son componentes esenciales de esta transformación hacia prácticas más sostenibles.

Adaptación al Cambio Climático: Ciencia y Tecnología como Aliados

La ciencia y la tecnología colaboran para abordar el desafío crítico del cambio climático. Desde la modelación climática avanzada hasta las tecnologías de mitigación, exploraremos cómo la investigación científica y las soluciones tecnológicas están ayudando a comunidades y gobiernos a adaptarse a un clima en constante cambio.

Hacia un Futuro Equitativo y Sostenible

El camino hacia un futuro equitativo y sostenible está pavimentado con descubrimientos científicos y tecnologías innovadoras. Al incorporar prácticas sostenibles en nuestras vidas diarias y apoyar la investigación en la conservación del medio ambiente, podemos contribuir a la construcción de un mundo donde la prosperidad coexista en armonía con la naturaleza.

Innovación Sostenible: Un Compromiso Colectivo

La noción de innovación sostenible y cómo un compromiso colectivo puede impulsar cambios significativos en la forma en que interactuamos con nuestro entorno. La innovación sostenible no es solo una meta; es un compromiso continuo con la armonía entre la tecnología y la naturaleza.

Innovación Sostenible en la Empresa: Más Allá del Beneficio Económico

Las empresas están adoptando la innovación sostenible como parte integral de sus estrategias comerciales. Desde la adopción de prácticas de producción más sostenibles hasta la creación de productos ecoamigables, las empresas están reconociendo que el éxito económico y la sostenibilidad ambiental no son mutuamente excluyentes. Exploraremos casos de empresas que lideran el camino hacia una nueva era de responsabilidad corporativa.

Economía Circular y Modelos de Negocio Sostenibles

La economía circular se ha convertido en un marco fundamental para la innovación sostenible en los negocios. La transición de un modelo lineal de "extraer, fabricar, desechar" a un modelo circular que fomente la reutilización, reparación y reciclaje es esencial para reducir la presión sobre los recursos naturales y minimizar los impactos ambientales.

Conectando Comunidades y Naturaleza: Tecnologías para la Conservación

Este tramo nos llevará a través de la aplicación de tecnologías innovadoras para la conservación y restauración de ecosistemas. Desde el uso de drones para monitorear áreas remotas hasta la implementación de sensores inteligentes para rastrear patrones de migración de especies, la tecnología está fortaleciendo los esfuerzos de conservación y mejorando nuestra comprensión de la biodiversidad.

Restauración Ecológica y Tecnología: Un Enfoque Holístico

La tecnología está desempeñando un papel clave en la restauración ecológica, ayudando a revertir los daños causados por actividades humanas. La plantación inteligente de árboles, la reintroducción de especies nativas y la aplicación de técnicas de restauración basadas en datos son parte de un enfoque holístico que utiliza la tecnología como aliada en la preservación de la diversidad biológica.

Desafíos y Oportunidades: Navegando por el Camino Sostenible

los desafíos y oportunidades que surgen en el camino hacia la innovación sostenible. Desde la necesidad de superar barreras tecnológicas hasta la importancia de la educación ambiental, la colaboración y la acción colectiva son esenciales para superar los obstáculos y avanzar hacia un futuro más sostenible.

Educación Ambiental y Conciencia Ciudadana

La educación ambiental desempeña un papel fundamental en la construcción de una conciencia ciudadana orientada a la sostenibilidad. A medida que las personas comprenden mejor el impacto de sus elecciones en el medio ambiente, se convierten en defensores activos de prácticas más sostenibles, presionando a gobiernos y empresas para adoptar enfoques más responsables.

Hacia la Sostenibilidad Global: Un Compromiso Duradero

Concluiremos este capítulo subrayando la importancia de un compromiso duradero con la innovación sostenible. La convergencia de la tecnología, la investigación científica y la conciencia ciudadana es esencial para crear un futuro en el que la prosperidad humana coexista armoniosamente con la salud de nuestro planeta.

Este viaje hacia horizontes infinitos de sostenibilidad y conservación es un recordatorio de que nuestras acciones diarias tienen un impacto profundo en el mundo que compartimos. Al abrazar la innovación sostenible y comprometernos con la preservación de nuestro entorno, estamos contribuyendo a un legado de cuidado y responsabilidad para las generaciones futuras. Que este compromiso colectivo nos guíe hacia un futuro donde la tecnología y la naturaleza prosperen en equilibrio.

Conclusiones y Reflexiones Finales: Forjando un Futuro en Equilibrio

Al llegar al final de este capítulo sobre sostenibilidad y medio ambiente, es crucial reflexionar sobre las lecciones aprendidas y las oportunidades que se nos presentan. Nuestro viaje nos ha llevado desde la exploración de tecnologías verdes hasta la comprensión de la investigación científica para la conservación. Ahora, con un enfoque renovado, abordaremos las conclusiones y las reflexiones finales que nos llevarán hacia un futuro en equilibrio.

La Intersección de Ciencia, Tecnología y Naturaleza

La sostenibilidad no es solo un concepto abstracto, sino un compromiso tangible que involucra a la ciencia y la tecnología en la búsqueda de soluciones. Desde el desarrollo de tecnologías verdes hasta la aplicación de investigación científica para preservar la biodiversidad, la intersección de la ciencia, la tecnología y la naturaleza se presenta como un camino hacia un futuro más equitativo y resiliente.

Colaboración como Motor del Cambio: Superando Desafíos Globales

Una de las lecciones más significativas es la importancia de la colaboración como motor del cambio. Los desafíos ambientales no conocen fronteras, y la colaboración global entre científicos, tecnólogos, gobiernos y ciudadanos se convierte en un requisito esencial. Unir fuerzas para intercambiar conocimientos, implementar soluciones y abogar por políticas sostenibles es clave para superar desafíos globales.

Ética Ambiental: Tomando Decisiones Informadas y Responsables

La ética ambiental emerge como un tema central en nuestro viaje. Al comprender el impacto de nuestras acciones en el medio ambiente, nos enfrentamos a la responsabilidad de tomar decisiones informadas y éticas. La toma de decisiones que considera la sostenibilidad y la conservación se convierte en una herramienta poderosa para forjar un futuro en equilibrio.

Empoderamiento a Través de la Innovación: La Tecnología como Facilitadora del Cambio

Hemos presenciado cómo la tecnología no solo es una herramienta, sino también un facilitador del cambio. Desde comunidades locales hasta empresas multinacionales, la innovación tecnológica empodera a diversos actores para abrazar prácticas más sostenibles. Este empoderamiento a través de la innovación sugiere que cada individuo y entidad tiene un papel vital en la construcción de un futuro sostenible.

Oportunidades para la Acción: Construyendo un Futuro Equitativo

Al reflexionar sobre las oportunidades para la acción, se presenta una realidad clara: cada elección que hacemos puede contribuir a la construcción de un futuro más equitativo. Desde apoyar iniciativas locales de conservación hasta abogar por políticas ambientales sólidas, nuestras acciones colectivas tienen un impacto significativo en la dirección que tomamos como sociedad.

Compromiso a Largo Plazo: Hacia Horizontes Infinitos de Sostenibilidad

La sostenibilidad y la conservación no son objetivos a corto plazo, sino compromisos a largo plazo. Nuestro viaje nos ha llevado hacia horizontes infinitos de posibilidades, y este compromiso duradero implica una continua adaptación, aprendizaje y acción. La innovación sostenible y la investigación para la conservación nos ofrecen un camino firme hacia un futuro donde la armonía entre la humanidad y la naturaleza sea la norma.

Un Futuro en Equilibrio: Nuestra Responsabilidad Compartida

En última instancia, la construcción de un futuro en equilibrio es una responsabilidad compartida. Cada capítulo de nuestro viaje ha destacado la necesidad de colaboración, ética y acción consciente. Nos despedimos de este recorrido con la certeza de que, al asumir esta responsabilidad compartida, podemos trascender los límites de lo posible y forjar un mañana donde la tecnología y la naturaleza coexistan en armonía.

Que este viaje hacia horizontes infinitos de sostenibilidad y conservación inspire a cada lector a ser un agente activo en la creación de un mundo más equitativo y sostenible. Con este compromiso colectivo, nos embarcamos hacia un futuro en el que la ciencia, la tecnología y la naturaleza convergen para tejer un tapiz de equilibrio y resiliencia.

Un Llamado a la Acción Ambiental Global

En este llamado a la acción ambiental global, reconocemos que la sostenibilidad y la conservación son desafíos continuos que requieren una respuesta unificada y decidida.

El Poder de la Elección Individual: Actuando en Consecuencia

Cada elección individual tiene el poder de crear un impacto colectivo. Al elegir productos sostenibles, reducir el consumo de energía y abogar por prácticas responsables, cada uno de nosotros se convierte en un defensor de un futuro más verde. Reconocemos que nuestras decisiones diarias son un testimonio de nuestro compromiso con la sostenibilidad.

El Papel de la Educación: Sembrando Semillas para el Cambio

La educación emerge como una fuerza transformadora. Desde aulas hasta plataformas en línea, la educación ambiental tiene el poder de sembrar semillas de cambio. Al entender mejor los desafíos ambientales y las soluciones disponibles, las comunidades se empoderan para abrazar un enfoque más consciente y sostenible hacia la interacción con el entorno.

La Importancia de la Innovación Sostenible: Modelando el Futuro

La innovación sostenible no solo es una tendencia, sino una necesidad. Empresas, gobiernos y emprendedores tienen la responsabilidad de liderar con ejemplos concretos. Al adoptar prácticas comerciales sostenibles, fomentar la investigación e invertir en tecnologías verdes, se allana el camino hacia un futuro en equilibrio.

Colaboración Global: Superando Barreras y Fomentando Soluciones

El desafío ambiental es un llamado universal que no conoce fronteras. La colaboración global se erige como un pilar esencial en la respuesta a estos desafíos. Gobiernos, organizaciones no gubernamentales, empresas y ciudadanos deben unir fuerzas, compartiendo conocimientos, recursos y estrategias para superar barreras y fomentar soluciones globales.

Preservando la Biodiversidad: Guardianes de la Vida en la Tierra

La conservación de la biodiversidad es una responsabilidad compartida de la humanidad. Al proteger ecosistemas y especies, nos convertimos en guardianes de la vida en la Tierra. Cada esfuerzo para detener la pérdida de biodiversidad y restaurar hábitats degradados contribuye a un equilibrio más saludable entre la naturaleza y la civilización.

La Ética como Brújula: Guiando Nuestro Camino

La ética ambiental se presenta como una brújula que guía nuestras acciones y decisiones. En un mundo de decisiones complejas, la ética nos recordará nuestra responsabilidad hacia las generaciones futuras y hacia la totalidad de la vida en el planeta. Cada paso ético es un paso hacia horizontes más sostenibles.

El Compromiso Continuo: Hacia un Futuro Resiliente

Este epílogo no es solo un cierre, sino un llamado continuo a la acción. El compromiso con la sostenibilidad y la conservación es una tarea sin fin. Nos animamos mutuamente a mantener viva la llama del compromiso, a avanzar con la misma determinación que hemos encontrado en estas páginas.

Gratitud y Compromiso: Construyendo un Futuro en Colaboración

La colaboración entre diversos actores se convierte en el tejido que une nuestras acciones, construyendo un tapiz de esperanza y compromiso.

La sostenibilidad y la conservación son un viaje compartido. Con cada elección informada, con cada acción responsable, nos acercamos a horizontes infinitos de sostenibilidad. Juntos, como comunidad global, tenemos el poder y la responsabilidad de moldear un futuro donde la armonía entre la humanidad y la naturaleza sea la guía suprema.

8.Educación y Divulgación Científica:

171

Métodos de Enseñanza Efectivos: Estudio de Casos Reales

Aprendizaje Basado en Proyectos en Ciencias: En una escuela secundaria en Singapur, se implementó un enfoque de aprendizaje basado en proyectos para la enseñanza de ciencias. Los estudiantes participaron en proyectos prácticos, desde la creación de modelos de laboratorio hasta la resolución de problemas del mundo real. Este enfoque no solo mejoró la comprensión de conceptos científicos, sino que también cultivó habilidades de resolución de problemas y pensamiento crítico.

Inmersión en la Tecnología en el Aula: En una escuela primaria en Finlandia, se introdujo la inmersión en la tecnología en el aula desde edades tempranas. Los estudiantes utilizaron tabletas y software educativo adaptado para explorar conceptos científicos y tecnológicos. Esta integración temprana y constante de la tecnología no solo hizo que el aprendizaje fuera más accesible, sino que también despertó un interés continuo en la ciencia y la tecnología.

Programas de Divulgación Científica que Dejan Huella: Historias Reales

Laboratorios Móviles en Comunidades Rurales: En India, un programa de divulgación científica llevó laboratorios móviles a comunidades rurales. Estos laboratorios itinerantes brindaron experiencias prácticas a estudiantes que de otra manera no tendrían acceso a instalaciones científicas avanzadas. El programa no solo despertó la curiosidad, sino que también inspiró a varios estudiantes a seguir carreras en ciencia e ingeniería.

Festivales de Ciencia Comunitarios en América Latina: En varias ciudades de América Latina, se organizaron festivales de ciencia comunitarios. Estos eventos atrajeron a familias enteras con exhibiciones interactivas, charlas y actividades prácticas. El impacto se extendió más allá del evento, generando un aumento en la matrícula en programas científicos y tecnológicos locales.

Colaboración entre Educadores y Comunidades: Clave del Éxito

En cada uno de estos casos de éxito, la colaboración entre educadores, comunidades y expertos en ciencia y tecnología fue un factor clave. La participación activa de la comunidad en el diseño y la implementación de programas educativos y eventos de divulgación aseguró que fueran culturalmente relevantes y accesibles para todos.

Estos casos reales demuestran que la educación y la divulgación científica efectivas no solo se centran en la transmisión de información, sino en la creación de experiencias significativas que despierten la curiosidad y fomenten la participación activa. Estas experiencias concretas sirven como modelos inspiradores para futuros esfuerzos en la promoción de la ciencia y la tecnología.

Ampliando la Brecha: Acceso Equitativo a la Educación Científica

En el caso del aprendizaje basado en proyectos en Singapur, se observó que no solo mejoró la comprensión de los conceptos científicos, sino que también abordó la brecha de acceso. Este enfoque permitió que los estudiantes, independientemente de su nivel socioeconómico, participaran en actividades prácticas y adquirieran habilidades valiosas para el siglo XXI. La clave del éxito radicó en la implementación de un programa inclusivo que eliminara barreras y fomentara la participación equitativa.

Innovación Educativa en la Cuna de la Tecnología: Finlandia

El caso de Finlandia, que introdujo la inmersión en la tecnología desde la escuela primaria, destaca la importancia de la temprana exposición a la ciencia y la tecnología. Este enfoque no solo se centró en la enseñanza de habilidades técnicas, sino en el desarrollo de la mentalidad innovadora desde una edad temprana. La integración de la tecnología no solo fue un medio de instrucción, sino una herramienta para cultivar la creatividad y la resolución de problemas.

Movilidad para Acceder al Conocimiento: Laboratorios Móviles en India

El programa de laboratorios móviles en India abordó desafíos geográficos y económicos al llevar la ciencia directamente a las comunidades rurales. Los estudiantes que anteriormente no tenían acceso a laboratorios avanzados pudieron participar en experimentos prácticos y desarrollar un amor por la ciencia. Este enfoque móvil no solo eliminó barreras físicas, sino que también cerró la brecha educativa entre áreas urbanas y rurales.

Celebrando la Ciencia en Comunidad: Festivales en América Latina

Los festivales de ciencia en América Latina demostraron que la divulgación científica puede ser una experiencia comunitaria emocionante. Al involucrar a las familias en actividades interactivas, estos eventos no solo educaron, sino que también crearon un sentido de maravilla y descubrimiento compartido. Este enfoque comunitario se tradujo en un aumento de la participación y el interés continuo en la ciencia y la tecnología.

Lecciones Aprendidas: Colaboración, Inclusividad e Inspiración Constante

Estos casos de éxito resaltan lecciones clave. La colaboración entre educadores, comunidades y expertos en ciencia y tecnología es fundamental. La inclusividad es esencial para garantizar que todos los estudiantes, independientemente de su entorno, tengan acceso a oportunidades educativas en ciencia. La inspiración constante a través de experiencias prácticas y eventos comunitarios crea una conexión duradera con la ciencia y la tecnología.

Desafíos y Futuros Desarrollos: Continuando la Trayectoria del Éxito

Si bien estos casos son inspiradores, también señalan desafíos pendientes. La brecha en el acceso a recursos educativos de calidad sigue siendo un problema global, y se necesitan esfuerzos continuos para abordarla. Además, la adaptación constante a la evolución de la tecnología y las cambiantes necesidades de la sociedad es crucial para mantener el impulso y la relevancia de los programas educativos y de divulgación.

Hacia una Educación Científica Global y Equitativa

Estos casos de éxito son faros que iluminan el camino hacia una educación científica global y equitativa. Al aprender de estos ejemplos concretos, podemos fortalecer nuestros esfuerzos para inspirar a las generaciones futuras, fomentar la diversidad en la ciencia y la tecnología, y construir un mundo donde la educación científica sea un derecho fundamental para todos, independientemente de su origen o circunstancias.

Fortaleciendo el Vínculo entre la Educación Científica y el Empoderamiento Global

El éxito continuo en la educación científica requiere un enfoque proactivo y adaptable. Examinemos más a fondo las lecciones aprendidas y las estrategias para abordar los desafíos, y cómo estos casos de éxito pueden servir como inspiración para futuros desarrollos.

Lecciones Aprendidas:

Colaboración Efectiva: La colaboración entre educadores, comunidades y expertos en ciencia y tecnología es un ingrediente clave. La creación de redes y asociaciones sólidas puede ayudar a superar desafíos y garantizar la sostenibilidad de los programas educativos.

Inclusividad como Prioridad: Los casos de éxito destacan la importancia de la inclusividad. Es esencial adoptar enfoques educativos que eliminen las barreras de acceso y aseguren que todos los estudiantes tengan igualdad de oportunidades, independientemente de su ubicación o situación económica.

La inspiración constante a través de experiencias prácticas y eventos comunitarios crea un vínculo duradero con la ciencia y la tecnología. La curiosidad y el entusiasmo sostenidos son resultado de una exposición continua a la maravilla del descubrimiento.

Desafíos Pendientes y Estrategias Futuras:

A medida que avanzamos, es crucial abordar la brecha tecnológica que podría obstaculizar el acceso a la educación científica. Invertir en infraestructuras tecnológicas sólidas y programas de acceso a dispositivos es esencial para garantizar que todos los estudiantes puedan beneficiarse de las oportunidades educativas modernas.

La diversificación del currículo es clave para atraer a estudiantes de diversos orígenes y contextos culturales. La inclusión de perspectivas globales y la representación diversa en el material educativo fomenta una comprensión más completa y enriquecedora de la ciencia y la tecnología.

Adaptación Constante: La evolución de la tecnología y las cambiantes necesidades de la sociedad requiere una adaptación constante de los programas educativos. Mantenerse al día con las tendencias emergentes y las demandas del mercado laboral garantiza que los estudiantes estén preparados para los desafíos del futuro.

El Camino hacia una Educación Científica Global y Equitativa:

A medida que reflexionamos sobre estos casos de éxito, surge un llamado a la acción global. La educación científica no solo es un derecho, sino un catalizador para el empoderamiento individual y colectivo. A través de la colaboración, la inclusividad y la inspiración continua, podemos allanar el camino hacia una educación científica que trascienda fronteras y forme mentes capacitadas para abordar los desafíos globales.

Transformando el Mundo a Través de la Ciencia y la Tecnología

Con cada lección aprendida y cada desafío abordado, estamos construyendo un futuro donde la ciencia y la tecnología sean fuerzas de unificación y transformación. La educación científica se convierte en un faro que guía el camino hacia la resiliencia, la innovación y el empoderamiento. Sigamos comprometidos, inspirando a las generaciones venideras y construyendo un mundo donde el conocimiento científico sea accesible para todos, uniendo mentes curiosas y forjando un camino hacia horizontes infinitos de descubrimiento y progreso.

Sostenibilidad y Proyecciones Futuras en la Educación Científica:

En el horizonte de la educación científica, la sostenibilidad emerge como un principio fundamental. Consideremos cómo podemos garantizar la continuidad y la expansión de los éxitos actuales.

1. Integración de Tecnologías Emergentes:

La incorporación de tecnologías emergentes, como la realidad virtual y aumentada, puede llevar la educación científica a nuevas alturas. Estas herramientas ofrecen experiencias inmersivas que van más allá de los límites de las aulas convencionales, permitiendo a los estudiantes explorar entornos científicos de manera más profunda y dinámica.

Colaboración Global en Plataformas Educativas:

La globalización de la educación científica es esencial para proporcionar a los estudiantes una comprensión más completa de los desafíos y oportunidades en el ámbito científico. Plataformas educativas en línea, con colaboraciones entre instituciones de todo el mundo, pueden ofrecer recursos compartidos, conferencias virtuales y proyectos de colaboración que trasciendan fronteras.

Programas de Mentoría y Modelos a Seguir:

Establecer programas de mentoría y destacar modelos a seguir en la ciencia y la tecnología puede motivar a estudiantes de diversas comunidades. Al conectarse con profesionales en campos científicos específicos, los estudiantes pueden obtener orientación personalizada y una visión práctica de las posibles trayectorias profesionales.

Iniciativas de Aprendizaje a lo Largo de Toda la Vida:

La educación científica no debe limitarse a las aulas formales. Iniciativas de aprendizaje a lo largo de toda la vida pueden proporcionar oportunidades continuas para que las personas exploren nuevos campos científicos, se actualicen sobre avances tecnológicos y se mantengan informadas sobre los desarrollos científicos más recientes.

 Empoderamiento a Través de la Ciudadanía Científica:

Fomentar la participación ciudadana en proyectos científicos, conocida como "ciudadanía científica", puede empoderar a las comunidades para abordar problemas locales y globales. Al participar activamente en la recopilación de datos y la resolución de problemas, los ciudadanos se convierten en contribuyentes valiosos a la ciencia y la toma de decisiones informadas.

Conclusión: Un Compromiso Colectivo hacia el Conocimiento y el Cambio:

La educación científica, con su capacidad para inspirar, informar y transformar, se convierte en una fuerza impulsora para el cambio positivo en el mundo. A medida que exploramos estas estrategias para el futuro, reconocemos que el cambio sostenible requiere un compromiso colectivo. Educadores, estudiantes, comunidades y líderes globales deben unirse en un esfuerzo colaborativo para asegurar que la ciencia y la tecnología sean accesibles, inclusivas y sostenibles a lo largo del tiempo.

Con este compromiso colectivo, estamos tejiendo una red de conocimiento y empoderamiento que trasciende generaciones. Sigamos construyendo sobre los éxitos actuales, enfrentando los desafíos con valentía y mirando hacia un futuro donde la educación científica sea una fuerza unificadora, forjando caminos hacia horizontes infinitos de descubrimiento y comprensión. En este viaje continuo, cada mente comprometida es un faro de cambio positivo, y juntos, construimos un mundo más informado, conectado y sostenible. Adelante, hacia el futuro de la educación científica.

Transformación Educativa: Navegando Hacia Nuevos Horizontes

En nuestra travesía hacia la transformación educativa, exploramos los éxitos actuales y trazamos planes para el futuro, pero nuestro viaje no se detiene aquí. Continuemos navegando hacia nuevos horizontes de innovación y excelencia en la educación científica.

Adaptabilidad a los Desafíos Globales:

El siglo XXI presenta desafíos únicos, desde el cambio climático hasta la pandemia global. La educación científica debe adaptarse para abordar estos problemas de manera integral. Incluir en los planes de estudio temas relevantes a nivel global y fomentar la resolución de problemas a través de la ciencia permitirá a las futuras generaciones enfrentar desafíos con comprensión y creatividad.

Enfoque Interdisciplinario:

La ciencia y la tecnología a menudo trabajan en conjunto con otras disciplinas. Fomentar un enfoque interdisciplinario en la educación científica ayudará a los estudiantes a comprender la interconexión de diversas áreas del conocimiento y a aplicar soluciones más holísticas a los problemas.

Herramientas de Evaluación Innovadoras:

El método de evaluación también está en constante evolución. La implementación de herramientas de evaluación innovadoras, como proyectos prácticos, evaluaciones basadas en habilidades y portafolios digitales, puede proporcionar una imagen más precisa y completa del progreso del estudiante en lugar de depender exclusivamente de exámenes escritos tradicionales.

9. Acceso a Recursos Educativos Abiertos:

La era digital nos brinda la oportunidad de compartir conocimientos de manera más accesible. El acceso a recursos educativos abiertos, como materiales de enseñanza en línea y plataformas de aprendizaje colaborativas, puede democratizar la educación científica y llegar a comunidades que de otra manera estarían marginadas.

Desarrollo de Habilidades Socioemocionales:

La educación no solo se trata de adquirir conocimientos académicos, sino también de desarrollar habilidades socioemocionales. Fomentar la colaboración, la comunicación efectiva y la empatía en entornos educativos prepara a los estudiantes para enfrentar desafíos con madurez y comprensión.

Un Compromiso Permanente: Construyendo el Futuro Juntos

Este viaje hacia nuevos horizontes en la educación científica requiere un compromiso continuo de todos los interesados. Educadores, padres, estudiantes y líderes educativos deben trabajar juntos para superar desafíos, abrazar innovaciones y construir un futuro donde el conocimiento científico sea una fuerza transformadora.

Cada mente curiosa es una chispa potencial para la próxima gran idea, descubrimiento o innovación. Sigamos fomentando la curiosidad, inspirando el aprendizaje y construyendo un mundo donde la educación científica no solo sea un medio para un fin, sino una herramienta poderosa para empoderar a individuos y comunidades.

Adelante, hacia estos nuevos horizontes de conocimiento y cambio. Nuestro compromiso colectivo es la brújula que nos guiará a través de mares desconocidos hacia un futuro donde la educación científica sea la base de una sociedad más informada, resistente y colaborativa. Con cada paso, estamos construyendo un legado de aprendizaje y descubrimiento que resonará a través de las generaciones venideras. ¡Avancemos hacia este futuro emocionante y lleno de posibilidades!

Celebrando la Diversidad del Conocimiento: Horizontes Infinitos de Descubrimiento

En nuestra exploración de horizontes infinitos en la educación científica, nos sumergimos en la riqueza y diversidad del conocimiento. Celebramos no solo lo que hemos aprendido hasta ahora, sino lo que está por venir. Aquí, en el corazón de la educación científica, cada pregunta es un portal a nuevas posibilidades, y cada respuesta es un ladrillo en la construcción de un futuro más iluminado.

Cultivando la Curiosidad a lo Largo de la Vida:

La curiosidad es la fuerza impulsora detrás de cada gran descubrimiento. En el viaje educativo continuo, cultivar la curiosidad a lo largo de la vida se convierte en un imperativo. Programas y actividades que inspiran la maravilla y fomentan la exploración constante son esenciales para mantener viva la llama del aprendizaje.

La Ciencia y la Tecnología como Motores de Cambio Social:

Más allá de las aulas, la ciencia y la tecnología tienen el potencial de transformar comunidades y sociedades. Alentar a los estudiantes a explorar cómo la ciencia puede abordar problemas sociales y contribuir al bienestar de la humanidad les brinda un propósito más allá del ámbito académico.

Reconociendo y Superando los Desafíos:

Cada viaje tiene sus desafíos, y la educación científica no es una excepción. La falta de recursos, la brecha de acceso y otros obstáculos pueden surgir. Sin embargo, en la búsqueda de soluciones, estos desafíos se convierten en oportunidades para la innovación y la creatividad.

Mentoría y Construcción de Comunidades:

El viaje hacia nuevos horizontes se vuelve más significativo cuando se comparte con otros. La mentoría, ya sea entre estudiantes, educadores o profesionales establecidos, crea una red de apoyo que impulsa el aprendizaje y el crecimiento. Construir comunidades donde la experiencia se comparte y celebra fortalece el tejido de la educación científica.

Compromiso Global y Ciudadanía Científica:

La ciencia no conoce fronteras, y el compromiso global se convierte en una fuerza unificadora. La ciudadanía científica, donde las personas participan activamente en la investigación y la toma de decisiones basadas en evidencia, se erige como un puente hacia un mundo más informado y colaborativo.

Un Horizonte Infinito de Oportunidades:

En este punto culminante de nuestra exploración, miramos hacia adelante con esperanza y anticipación. Cada mente educada es una luz que ilumina el camino hacia un mañana lleno de descubrimientos aún más asombrosos. El horizonte de la educación científica no tiene límites; es un lienzo en blanco listo para ser pintado con las ideas y logros de las generaciones venideras.

Conclusión: Una Invitación a la Aventura Continua:

El viaje hacia horizontes infinitos en la educación científica es una invitación a la aventura continua. A medida que avanzamos hacia el futuro, llevamos con nosotros el legado del aprendizaje y la promesa del descubrimiento. Este viaje no tiene fin, y cada paso que damos es un paso hacia adelante en la exploración del conocimiento y la comprensión.

Sigamos celebrando la diversidad del conocimiento, fomentando la curiosidad y construyendo puentes entre las ciencias y las comunidades. Que cada estudiante, cada educador y cada apasionado por la ciencia sea un pionero en esta expedición sin fin hacia horizontes infinitos de descubrimiento y crecimiento. ¡Adelante, hacia un futuro donde el aprendizaje es eterno y la maravilla es inagotable!

Un Legado de Descubrimiento:

Cada página de esta odisea es un testimonio de nuestro compromiso con el aprendizaje continuo y la búsqueda incesante de la verdad. A lo largo de los capítulos, hemos encontrado respuestas a preguntas fundamentales, pero también hemos aprendido que cada respuesta abre la puerta a nuevas y emocionantes interrogantes.

El Poder Transformador de la Ciencia:

La ciencia, con su capacidad de iluminar las mentes y cambiar el mundo, se revela como un faro que guía nuestras acciones y aspiraciones. En cada experimento, en cada ecuación resuelta y en cada descubrimiento, encontramos no solo conocimiento, sino el poder de transformar y mejorar nuestras vidas y la sociedad en su conjunto.

La Promesa de un Futuro Brillante:

Mirando hacia adelante, el futuro de la educación científica es tan infinito como los horizontes que hemos explorado. En cada estudiante, vemos el potencial de un científico, un innovador, un pensador crítico. En cada educador, vemos a un guía que enciende la llama del aprendizaje. Y en cada avance científico, vemos la promesa de un futuro más brillante y lleno de posibilidades.

9. Seguridad Cibernética:

Navegando por las Aguas Digitales: Seguridad Cibernética en el Siglo XXI

En el vasto océano digital del siglo XXI, la seguridad cibernética emerge como un faro crucial, iluminando las aguas agitadas de amenazas y desafíos.

Sombras en el Mundo Digital

El mundo digital, aunque lleno de oportunidades y conexiones, también alberga sombras amenazadoras. Las amenazas cibernéticas pueden tomar muchas formas, desde ataques de malware y ransomware hasta intrusiones sofisticadas en redes empresariales y gubernamentales. La información sensible, desde datos personales hasta secretos industriales, está en riesgo, y la ciberdelincuencia evoluciona constantemente para eludir las defensas tradicionales.

Desafíos en la Defensa Digital:

Los desafíos en la seguridad cibernética son intrincados y cambiantes. La velocidad a la que se desarrollan nuevas amenazas exige una respuesta ágil y adaptativa. La gestión de identidades, la protección contra ataques de ingeniería social y la prevención de la fuga de datos son solo algunos de los desafíos que enfrentan los defensores de la seguridad cibernética. La interconexión global agrega capas adicionales de complejidad, ya que las amenazas pueden originarse en cualquier parte del mundo.

Innovaciones Transformadoras: Protegiendo el Mundo Digital

A medida que las amenazas cibernéticas evolucionan, también lo hacen las innovaciones destinadas a contrarrestarlas.

Inteligencia Artificial y Machine Learning: Los algoritmos de inteligencia artificial y machine learning son herramientas valiosas en la detección temprana de patrones sospechosos. Estos sistemas pueden analizar grandes conjuntos de datos para identificar comportamientos anómalos, marcando posibles amenazas antes de que causen daño.

Inteligencia Artificial y Machine Learning: Guardianes Virtuales de la Detección Temprana

En la constante batalla contra las amenazas cibernéticas, los algoritmos de inteligencia artificial (IA) y machine learning (ML) emergen como guardianes virtuales, desempeñando un papel crucial en la detección temprana de patrones sospechosos. Este capítulo explora cómo estas tecnologías no solo mejoran la eficiencia, sino que también anticipan y responden proactivamente a amenazas en un mundo digital en constante evolución.

Análisis Predictivo: Anticipando Amenazas Futuras:

La fortaleza de la inteligencia artificial radica en su capacidad para analizar grandes conjuntos de datos y reconocer patrones que podrían pasar desapercibidos para el ojo humano. En el ámbito de la ciberseguridad, los algoritmos de machine learning pueden realizar un análisis predictivo, anticipando patrones de comportamiento anómalo que podrían indicar actividades maliciosas. Este enfoque proactivo permite la detección temprana antes de que las amenazas se materialicen completamente.

Aprendizaje Continuo: Adaptándose a Nuevos Escenarios:

La ciberseguridad es un campo en constante evolución, con amenazas que se transforman y evolucionan constantemente. Los algoritmos de machine learning, al adoptar un enfoque de aprendizaje continuo, tienen la capacidad de adaptarse a nuevos escenarios y amenazas emergentes. A medida que se enfrentan a nuevos tipos de ataques, estos algoritmos pueden ajustar sus modelos y estrategias para mantenerse un paso adelante de los adversarios cibernéticos.

Detección de Anomalías: Identificando lo Inusual:

La detección de anomalías es un área donde la inteligencia artificial brilla con luz propia. Los algoritmos de machine learning pueden aprender los patrones normales de comportamiento en un sistema y, por lo tanto, identificar de manera efectiva cualquier desviación significativa de esa norma. Esto permite la detección temprana de actividades inusuales que podrían indicar un ataque o intrusión.

Automatización de Respuestas: Agilidad en la Mitigación:

La velocidad de respuesta es crítica en el ámbito de la ciberseguridad. Los algoritmos de inteligencia artificial, combinados con la automatización, permiten respuestas rápidas y ágiles a las amenazas detectadas. Desde la cuarentena de sistemas afectados hasta la aplicación de parches de seguridad, la automatización facilita la mitigación rápida de los riesgos, reduciendo el tiempo de exposición y el impacto potencial de los ataques.

Desafíos Éticos y la Importancia de la Supervisión Humana:

Aunque la inteligencia artificial y el machine learning ofrecen beneficios sustanciales, también plantean desafíos éticos. La supervisión humana es esencial para garantizar decisiones éticas y evitar sesgos indeseados. La transparencia en los algoritmos y la ética en el uso de datos son consideraciones fundamentales para equilibrar la eficacia con la responsabilidad.

El Futuro de la Ciberseguridad: Una Simbiosis Digital:

En el escenario en constante cambio de la ciberseguridad, la inteligencia artificial y el machine learning representan no solo herramientas valiosas, sino socios digitales esenciales en la defensa contra las amenazas cibernéticas. La sinergia entre la inteligencia artificial y la supervisión humana establece las bases para un futuro donde la detección temprana y la respuesta ágil son los pilares de la ciberseguridad eficaz.

Cifrado Cuántico: En un mundo donde los métodos de cifrado tradicionales pueden enfrentar desafíos, la criptografía cuántica se destaca como una alternativa prometedora. Basada en principios cuánticos, esta tecnología ofrece un nivel de seguridad que actualmente no se puede desafiar con los métodos de descifrado convencionales.

Cifrado Cuántico: La Vanguardia de la Seguridad Criptográfica en la Era Cuántica

En el intrincado entramado de la ciberseguridad, el cifrado cuántico emerge como un faro de esperanza y promesa en un mundo donde los métodos de cifrado tradicionales enfrentan crecientes desafíos. Este capítulo explora cómo la criptografía cuántica no solo responde a las vulnerabilidades existentes, sino que redefine fundamentalmente la seguridad de la información en la era cuántica.

Principios Cuánticos: La Magia de la Superposición y Entrelazamiento:

El corazón de la criptografía cuántica yace en los principios cuánticos de la superposición y el entrelazamiento cuántico. Mientras que la información en sistemas clásicos se representa mediante bits que pueden estar en un estado de 0 o 1, los qubits cuánticos pueden existir en múltiples estados simultáneamente, gracias a la superposición. Además, el entrelazamiento cuántico permite que dos qubits estén interconectados de tal manera que el estado de uno afecta instantáneamente al otro, independientemente de la distancia que los separe.

Seguridad Inquebrantable: El Principio de Incertidumbre de Heisenberg:

La criptografía cuántica se basa en el principio de incertidumbre de Heisenberg, que establece que es imposible conocer simultáneamente la posición y la velocidad de una partícula subatómica con precisión absoluta. Aplicado a la criptografía, este principio implica que la observación de un qubit altera su estado, lo cual actúa como una alarma instantánea ante cualquier intento de interferencia o espionaje.

Quantum Key Distribution (QKD): Distribuyendo Claves Cuánticas de Forma Segura:

El Quantum Key Distribution (QKD) es uno de los pilares fundamentales de la criptografía cuántica. En lugar de depender de la complejidad de los algoritmos para proteger la información, el QKD utiliza la mecánica cuántica para distribuir claves criptográficas de manera segura. Si un intruso intenta interceptar la clave cuántica, se alterará su estado cuántico, revelando de inmediato cualquier intento de intromisión.

Desafíos y Avances: Construyendo la Infraestructura Cuántica:

Aunque la criptografía cuántica promete una seguridad inquebrantable, su implementación no está exenta de desafíos. La necesidad de desarrollar una infraestructura cuántica sólida, que incluya dispositivos cuánticos confiables y canales de comunicación cuántica, es esencial para su éxito a escala. Avances en la creación de repetidores cuánticos, tecnologías de almacenamiento cuántico y sistemas de comunicación cuántica son pasos cruciales hacia la realización completa de la criptografía cuántica.

Hacia un Futuro Cuántico:

En un mundo donde la computación cuántica promete superar las capacidades de los sistemas tradicionales, la criptografía cuántica surge como la respuesta para mantener la seguridad en esta nueva era. A medida que los investigadores y las empresas continúan desarrollando y perfeccionando esta tecnología, la criptografía cuántica promete ser un salvaguarda esencial en el futuro digital, protegiendo nuestras comunicaciones y datos sensibles contra amenazas avanzadas y emergentes.

Blockchain para la Seguridad de la Información: La tecnología blockchain, conocida principalmente por ser la columna vertebral de las criptomonedas, también se utiliza para mejorar la seguridad cibernética.

La Revolución de la Seguridad Cibernética a Través de Blockchain:

La tecnología blockchain, aclamada por ser la fuerza motriz detrás de las criptomonedas, ha emergido como un pilar fundamental no solo para las transacciones financieras descentralizadas, sino también como un baluarte en la seguridad cibernética. Este capítulo explora cómo blockchain ha transcendido su papel inicial para transformar el panorama de la seguridad de la información.

Descentralización y Resiliencia:

La característica principal de blockchain, su naturaleza descentralizada, se convierte en un escudo formidable contra las amenazas cibernéticas. A diferencia de los sistemas centralizados tradicionales, donde un punto de falla puede comprometer todo el sistema, blockchain distribuye la información en una red de nodos. Este enfoque descentralizado no solo fortalece la resiliencia del sistema ante posibles ataques, sino que también disminuye la probabilidad de ataques masivos.

Integridad y No Repudiación:

La inmutabilidad inherente a la tecnología blockchain, donde cada bloque de datos está vinculado de forma criptográfica al anterior, garantiza la integridad de la información almacenada. Esto significa que, una vez que los datos se registran en un bloque, resulta prácticamente imposible alterarlos sin modificar todos los bloques subsiguientes. Esta característica proporciona una capa adicional de seguridad al garantizar que la información no pueda ser manipulada sin dejar rastro.

Contratos Inteligentes: Automatización con Seguridad:

Los contratos inteligentes, programas autoejecutables basados en blockchain, introducen una nueva dimensión de seguridad y automatización en diversos campos. Estos contratos son inmutables y ejecutan automáticamente las cláusulas predefinidas cuando se cumplen las condiciones especificadas. Esto no solo reduce la necesidad de intermediarios, sino que también asegura que las transacciones se realicen de manera segura y transparente, minimizando el riesgo de fraude.

Transparencia y Confianza:

La transparencia es otra ventaja distintiva de la tecnología blockchain. Cada participante en una red blockchain tiene acceso a un historial completo de transacciones, lo que elimina la opacidad que a menudo caracteriza a las transacciones en sistemas centralizados. Esta visibilidad compartida fomenta la confianza entre las partes, ya que todos tienen acceso a la misma información, creando un entorno donde la confianza se construye sobre la base de la transparencia y la verificabilidad.

Desafíos y Futuro de Blockchain en Seguridad Cibernética:

Aunque blockchain ofrece mejoras significativas en la seguridad cibernética, no está exento de desafíos. La escalabilidad, la interoperabilidad y la adopción masiva son áreas que requieren atención continua. Sin embargo, a medida que la tecnología evoluciona y más sectores reconocen su potencial, blockchain se posiciona como un pilar sólido en la construcción de un ciberespacio más seguro y confiable. Desde la gestión de identidades hasta la protección de datos, blockchain continúa redefiniendo los límites de la seguridad cibernética en la era digital.

La descentralización y la inmutabilidad inherentes a la cadena de bloques pueden fortalecer la integridad de los registros y proteger contra la manipulación de datos.

Entrenamiento Continuo en Seguridad: Dado que las amenazas evolucionan, el entrenamiento continuo en seguridad cibernética se vuelve esencial. La conciencia y la capacitación del personal en prácticas seguras, así como en la identificación de amenazas potenciales, son componentes cruciales de una estrategia de seguridad efectiva.

El Camino a la Resiliencia Digital:

En el complejo y dinámico paisaje de la seguridad cibernética, el camino hacia la resiliencia digital implica una combinación de tecnología avanzada, conciencia humana y colaboración global. A medida que avanzamos en la era digital, la seguridad cibernética se convierte en un pilar fundamental para salvaguardar nuestra información, preservar la privacidad y mantener la confianza en el mundo digital en constante evolución. Este capítulo nos invita a explorar las estrategias y tecnologías que están dando forma al futuro de la seguridad cibernética y construyendo una defensa sólida en nuestras travesías digitales.

La Vanguardia de la Protección Digital: Estrategias y Reflexiones

En nuestra exploración de la seguridad cibernética, nos adentramos más allá de las amenazas y las innovaciones técnicas para examinar estrategias y reflexiones fundamentales que guían la protección de nuestras vidas digitales.

Ciberseguridad en la Vida Cotidiana:

La ciberseguridad ya no es solo un tema de interés para expertos en tecnología; se ha convertido en una habilidad esencial para todos en la era digital. Desde proteger nuestras contraseñas hasta ser conscientes de los correos electrónicos de phishing, la ciberseguridad en la vida cotidiana requiere una mezcla de conocimientos técnicos y conciencia humana.

Colaboración Global: Un Pilar en la Defensa Digital:

En un mundo conectado, la ciberseguridad es un esfuerzo colectivo que trasciende fronteras. La colaboración global, la compartición de amenazas y la coordinación entre gobiernos, empresas y ciudadanos son esenciales para abordar amenazas cibernéticas que no conocen límites geográficos.

Ética en la Ciberseguridad:

A medida que fortalecemos nuestras defensas digitales, también debemos reflexionar sobre las implicaciones éticas de nuestras acciones. La ciberseguridad ética no solo se trata de proteger sistemas, sino de hacerlo de manera justa y equitativa, sin violar la privacidad ni perpetuar sesgos injustos.

Preparación y Respuesta: La Importancia de la Resiliencia Digital:

La inevitabilidad de enfrentar amenazas cibernéticas nos lleva a la importancia de la preparación y la respuesta efectiva. Planes de respuesta a incidentes, ejercicios de simulación y la capacidad de recuperación son aspectos cruciales de la resiliencia digital, permitiéndonos recuperarnos más rápidamente de eventos adversos.

Desafíos Émergentes: El Futuro de la Seguridad Cibernética:

A medida que avanzamos hacia el futuro, nuevos desafíos cibernéticos se presentarán. Desde la integración de tecnologías emergentes como el Internet de las cosas (IoT) hasta la aparición de amenazas más sofisticadas, la seguridad cibernética debe evolucionar constantemente para enfrentar los desafíos emergentes.

Conclusión: Navegando Hacia un Futuro Cibernético Seguro:

En un mundo donde la información es un tesoro, la seguridad cibernética es el guardián de nuestro legado digital. Sigamos avanzando con valentía, construyendo un futuro cibernético seguro para las generaciones por venir.

Horizontes Digitales: Más Allá de la Seguridad, Hacia la Confianza y la Innovación

Al mirar más allá de la seguridad cibernética, exploramos horizontes digitales donde la confianza y la innovación son las fuerzas impulsoras. Este último segmento de nuestro viaje nos lleva a reflexionar sobre cómo construir una ciberespacio más seguro no solo para defendernos de amenazas, sino para permitir la prosperidad, la colaboración y la creatividad.

Confianza en el Ciberespacio:

La confianza es la columna vertebral de cualquier interacción digital significativa. A medida que avanzamos hacia una sociedad cada vez más digitalizada, construir y mantener la confianza en el ciberespacio se convierte en un imperativo. Esto implica no solo asegurar la integridad y privacidad de la información, sino también fomentar un entorno donde los usuarios confíen en las plataformas digitales y en la seguridad de sus interacciones.

Innovación en Seguridad: Una Carrera Constante:

La innovación es clave para mantenerse al día con las amenazas cibernéticas en constante evolución. La industria de la ciberseguridad no solo se trata de defenderse, sino también de anticipar y contrarrestar las tácticas de los adversarios digitales. Tecnologías como el aprendizaje automático, la inteligencia artificial y la automatización juegan un papel crucial al proporcionar defensas proactivas y respuestas rápidas a las amenazas emergentes.

Desafíos Éticos en la Ciberseguridad:

A medida que creamos defensas más sólidas, también debemos enfrentar desafíos éticos en la ciberseguridad. Las decisiones sobre la recopilación de datos, la vigilancia digital y la implementación de tecnologías de seguridad deben equilibrarse cuidadosamente para garantizar la protección de los usuarios sin comprometer la privacidad y las libertades individuales.

Empoderando la Próxima Ola de Innovación Digital:

Una seguridad cibernética sólida no solo protege contra amenazas, sino que también sienta las bases para la próxima ola de innovación digital. Al sentirnos seguros en el ciberespacio, podemos explorar nuevas fronteras de la tecnología, como la inteligencia artificial, el Internet de las cosas y la computación cuántica, con la confianza de que nuestras creaciones digitales están protegidas.

Cimentando la Base de la Creatividad Digital:

Una robusta seguridad cibernética actúa como el cimiento sobre el cual se erige la creatividad digital. En un entorno digital seguro, los innovadores pueden liberar su creatividad sin la sombra de las preocupaciones sobre la integridad de los datos o la vulnerabilidad de las infraestructuras digitales.

Este sentido de seguridad no solo es tranquilizador, sino que también es catalizador, inspirando la confianza necesaria para que la próxima ola de innovación digital alcance nuevas alturas.

Explorando el Territorio de la Inteligencia Artificial:

La inteligencia artificial (IA), con su capacidad para aprender, razonar y tomar decisiones, se presenta como un vasto territorio de oportunidades. En un entorno cibernético seguro, los diseñadores de algoritmos y los ingenieros de IA pueden dedicarse a la exploración sin restricciones, confiando en que sus modelos y sistemas estarán resguardados contra posibles manipulaciones o ataques malintencionados. Esto fomenta no solo avances técnicos, sino también la experimentación audaz que impulsa la evolución de la IA.

Conectando el Mundo a Través del Internet de las Cosas (IoT):

El Internet de las Cosas (IoT) promete una conectividad sin precedentes, donde los dispositivos intercambian datos para mejorar la eficiencia y la comodidad. Una sólida seguridad cibernética se convierte en el tejido conectivo que asegura esta red de dispositivos interconectados. Al confiar en la seguridad de la información transmitida entre dispositivos IoT, se facilita la expansión de este ecosistema digital, desbloqueando posibilidades innovadoras en la automatización del hogar, la salud digital y más allá.

Navegando las Profundidades de la Computación Cuántica:

La computación cuántica, con su capacidad para procesar información de manera exponencialmente más rápida que las computadoras tradicionales, representa un salto cuántico en la capacidad de procesamiento. Sin embargo, este territorio inexplorado también presenta desafíos únicos en términos de seguridad, como la criptografía cuántica. Una seguridad cibernética sólida es esencial para explorar las profundidades de la computación cuántica con confianza, mitigando riesgos y asegurando que esta tecnología revolucionaria se despliegue de manera segura y ética.

Fomentando la Innovación sin Límites:

En última instancia, una seguridad cibernética sólida libera a los innovadores para imaginar y materializar soluciones sin límites. Al tener la certeza de que sus creaciones digitales están resguardadas contra amenazas, los pioneros digitales pueden embarcarse en travesías audaces, explorando las fronteras de la tecnología y definiendo nuevos estándares en la innovación. Esta confianza es el combustible que impulsa la próxima ola de descubrimientos y contribuciones digitales que transformarán la forma en que vivimos, trabajamos y nos relacionamos en la era digital.

Colaboración como Fortaleza:

La ciberseguridad es un esfuerzo colectivo que requiere la colaboración de gobiernos, empresas, instituciones académicas y ciudadanos. La información compartida sobre amenazas, las mejores prácticas y la colaboración internacional son esenciales para enfrentar desafíos cibernéticos a una escala global.

La Promesa de Horizontes Digitales Infinitos:

En la conclusión de nuestro viaje por la seguridad cibernética, vislumbramos un horizonte digital lleno de posibilidades infinitas. Construir un ciberespacio seguro y confiable no solo es un acto de defensa, sino un compromiso con la creación de un entorno digital donde la innovación, la confianza y la colaboración florezcan.

Que nuestras reflexiones y acciones en seguridad cibernética nos guíen hacia un futuro digital que celebre la creatividad, proteja la privacidad y fomente la confianza en cada interacción digital. En este vasto y emocionante territorio digital, nuestras elecciones y esfuerzos son el timón que dirige nuestra travesía hacia horizontes digitales infinitos.

Un Mundo Conectado:

En la era digital, el mundo está más conectado que nunca. Cada clic, cada interacción, contribuye a la creación de una red global de información y comunicación. Nuestra odisea nos ha enseñado que en este mundo interconectado, la seguridad y la confianza son monedas fundamentales para el progreso y la prosperidad.

El Desafío Perpetuo de la Ciberseguridad:

La ciberseguridad, como hemos descubierto, es un desafío perpetuo. Las amenazas evolucionan, las tecnologías avanzan y nuestras defensas deben adaptarse constantemente. Sin embargo, en este desafío encontramos una oportunidad para la innovación continua y la mejora constante.

La Importancia de la Educación Cibernética:

En nuestra odisea, también hemos comprendido la importancia de la educación cibernética. Empoderar a las personas con conocimientos sobre cómo protegerse en el ciberespacio es una defensa sólida en sí misma. La conciencia y la preparación son herramientas poderosas que cada individuo puede utilizar en su travesía digital.

Mirando Hacia el Futuro:

Mientras cerramos este capítulo de nuestra odisea, miramos hacia el futuro con optimismo y cautela. La tecnología seguirá avanzando, las amenazas cibernéticas evolucionarán y la sociedad digital se transformará. Pero en este futuro incierto, llevamos con nosotros las lecciones aprendidas, las estrategias desarrolladas y la determinación de enfrentar los desafíos venideros con valentía.

Que la Innovación Sea Nuestra Brújula:

La innovación es nuestra brújula en este vasto territorio digital. Que cada innovación sea un faro que guíe nuestras acciones hacia un ciberespacio más seguro, más confiable y lleno de oportunidades para todos.

Hacia Nuevos Horizontes Digitales:

Con cada clic, cada línea de código y cada decisión ética, continuamos hacia nuevos horizontes digitales. Este no es el final, sino el comienzo de un próximo capítulo en la odisea de la ciberseguridad. Que cada paso que demos en el ciberespacio nos acerque a un futuro donde la seguridad, la confianza y la innovación florezcan en la intersección de la humanidad y la tecnología.

Colaboración Global: La Defensa Unificada:

En el vasto y complejo paisaje digital, la colaboración global es esencial. Las amenazas cibernéticas no conocen fronteras y afectan a individuos, empresas y gobiernos en todo el mundo. La defensa unificada contra estas amenazas requiere la cooperación internacional, la compartición de información y la construcción de alianzas sólidas entre naciones y organizaciones.

Reflexiones Éticas en el Ciberespacio:

A medida que avanzamos hacia horizontes digitales más prometedores, debemos sostener una lente ética en nuestras acciones y decisiones. La ética en el ciberespacio no solo se trata de evitar actividades maliciosas, sino de garantizar la equidad, la privacidad y la justicia en todas nuestras interacciones digitales. La tecnología no es solo una herramienta; es una expresión de nuestros valores y aspiraciones.

Empoderamiento Digital a Través de la Educación:

La educación digital es una herramienta poderosa para el empoderamiento. Al capacitar a las personas con conocimientos sobre seguridad cibernética, privacidad en línea y habilidades digitales, creamos ciudadanos digitales informados y resilientes. La educación es un escudo que cada individuo puede levantar contra las amenazas digitales y una llave que abre puertas hacia la innovación y el progreso.

La Promesa de la Tecnología: Innovación Responsable:

A medida que abrazamos las innovaciones tecnológicas, también asumimos la responsabilidad de su impacto. La innovación debe ser guiada por principios de responsabilidad social y ambiental. Los avances tecnológicos no solo deben buscar eficiencia y conveniencia, sino también contribuir al bienestar de la sociedad y del planeta.

10.Robótica y Inteligencia Artificial:

Desarrollos Recientes en Robótica: Avances Impresionantes:

La robótica contemporánea está marcada por avances impresionantes que van más allá de simples movimientos mecánicos. Robótica colaborativa, drones autónomos, robots biomiméticos y exoesqueletos avanzados son solo algunos ejemplos de cómo la tecnología robótica ha evolucionado recientemente. Estos desarrollos no solo prometen revolucionar la industria y la atención médica, sino que también están llevando a los robots más allá de los entornos controlados hacia interacciones más complejas en el mundo real.

Aplicaciones de la Inteligencia Artificial: Más Allá de la Automatización:

La inteligencia artificial no solo impulsa la robótica hacia nuevas alturas, sino que también encuentra aplicaciones en una amplia gama de campos. Desde asistentes virtuales y sistemas de recomendación hasta diagnóstico médico y conducción autónoma, la inteligencia artificial está transformando la forma en que interactuamos con la tecnología y cómo esta interacción impacta nuestra vida cotidiana. La capacidad de aprendizaje de las máquinas y su habilidad para analizar datos a gran escala abren posibilidades inéditas en la toma de decisiones automatizada.

Debates Éticos en Inteligencia Artificial: Reflexiones Necesarias:

A medida que la inteligencia artificial se integra más profundamente en nuestras vidas, surgen debates éticos cruciales. Las preocupaciones sobre la toma de decisiones automatizada, la privacidad de los datos, la discriminación algorítmica y el impacto en el empleo plantean preguntas fundamentales sobre cómo queremos que la tecnología forme nuestra sociedad. La transparencia en los algoritmos, la equidad en el acceso y el diseño ético son consideraciones esenciales en el camino hacia una implementación justa y responsable de la inteligencia artificial.

El Desafío de la Colaboración Hombre-Máquina:

La colaboración hombre-máquina se vislumbra como el futuro de la interacción entre humanos y robots alimentados por inteligencia artificial. ¿Cómo podemos aprovechar lo mejor de ambas capacidades sin comprometer la autonomía individual o desplazar trabajadores? Estos desafíos requieren una cuidadosa reflexión y un enfoque colaborativo para encontrar soluciones que impulsen la innovación sin sacrificar nuestros valores fundamentales.

Hacia un Futuro Ético y Avanzado Tecnológicamente:

El futuro de la robótica y la inteligencia artificial está intrínsecamente ligado a nuestras elecciones éticas y decisiones actuales. Navegar por este territorio emocionante implica equilibrar la innovación con la responsabilidad, abrazando las posibilidades transformadoras de la tecnología mientras mantenemos un enfoque ético y reflexivo en su desarrollo y aplicación.

Simbiosis Tecnológica: La Unión Armoniosa de Humanos y Máquinas:

En la búsqueda de un futuro donde humanos y máquinas colaboren armoniosamente, la simbiosis tecnológica se convierte en un objetivo clave. La idea no es solo que las máquinas realicen tareas por nosotros, sino que trabajen en conjunto con los humanos para potenciar nuestras habilidades y compensar nuestras limitaciones. Desde exoesqueletos que aumentan la fuerza física hasta sistemas de asistencia cognitiva que mejoran nuestras capacidades mentales, la simbiosis tecnológica redefine la relación entre la humanidad y la inteligencia artificial.

Empoderamiento y Desafíos Éticos:

El empoderamiento a través de la tecnología también plantea desafíos éticos significativos. ¿Cómo garantizamos que estas innovaciones no solo beneficien a algunos privilegiados, sino que estén disponibles de manera equitativa para toda la sociedad? ¿Cómo mitigamos el riesgo de crear brechas aún mayores entre aquellos que tienen acceso a estas tecnologías y aquellos que no? Estas preguntas fundamentales demandan una reflexión profunda a medida que avanzamos hacia un futuro tecnológico más avanzado.

Gobernanza y Marco Regulatorio: Definiendo los Límites Éticos:

La implementación ética de la robótica y la inteligencia artificial requiere una gobernanza sólida y un marco regulatorio claro. Los gobiernos, las instituciones y la sociedad en su conjunto deben colaborar para establecer normas éticas que guíen el desarrollo y uso de estas tecnologías. La creación de estándares éticos no solo proporciona directrices para los desarrolladores y usuarios, sino que también establece un terreno firme para abordar los dilemas éticos que puedan surgir a medida que avanzamos.

Inclusividad y Diversidad en la Innovación:

La diversidad en la innovación es esencial para garantizar que las soluciones tecnológicas aborden las necesidades de una sociedad diversa. La inclusión de diversas perspectivas en el diseño y desarrollo de la inteligencia artificial y la robótica no solo aumenta la calidad de las soluciones, sino que también evita sesgos culturales y garantiza que estas tecnologías beneficien a todos.

Educación y Adaptación Continua: Preparándonos para el Futuro:

A medida que la robótica y la inteligencia artificial continúan su avance, la educación y la adaptación continua se vuelven imperativas. Preparar a las personas para colaborar con tecnologías emergentes implica programas educativos flexibles, oportunidades de formación y la promoción de habilidades que complementen las capacidades de las máquinas. La adaptabilidad se convierte en una moneda de cambio en un mundo en constante cambio impulsado por la tecnología.

Reflexión Constante: Hacia un Futuro Consciente:

En última instancia, la senda hacia un futuro de robótica e inteligencia artificial ética y beneficioso implica una reflexión constante. A medida que desbloqueamos nuevas posibilidades tecnológicas, también debemos considerar las implicaciones éticas, sociales y culturales de cada avance. Este camino no es solo una búsqueda de innovación, sino también una búsqueda consciente de equidad, justicia y coexistencia armoniosa entre humanos y máquinas en el tejido de nuestro futuro tecnológico.

Sostenibilidad y Responsabilidad Ambiental: El Compromiso de la Tecnología con el Planeta:

En el viaje hacia un futuro donde la tecnología se entrelaza con la sostenibilidad, la responsabilidad ambiental se convierte en un imperativo central. A medida que la robótica y la inteligencia artificial evolucionan, la atención a la eficiencia energética, el uso sostenible de recursos y la minimización de residuos se convierten en elementos cruciales. La innovación tecnológica no solo debe mejorar la vida humana, sino también preservar y proteger el entorno que compartimos con otras formas de vida.

Innovación en Energías Renovables: Redefiniendo la Fuente de Poder:

El desarrollo de tecnologías robóticas y de inteligencia artificial que se alimentan de energías renovables marca un hito significativo en el camino hacia la sostenibilidad. Desde robots autónomos que trabajan en granjas solares hasta drones impulsados por energía eólica, la innovación en energías renovables no solo reduce la huella de carbono de estas tecnologías, sino que también contribuye a la transición global hacia un futuro más sostenible.

Circularidad en el Diseño de Tecnología: Reduciendo Residuos Electrónicos:

La circularidad en el diseño de tecnología es esencial para abordar el problema creciente de los residuos electrónicos. La creación de robots y dispositivos inteligentes con componentes modulares y materiales reciclables facilita la reutilización y el reciclaje al final de su vida útil. La adopción de prácticas de diseño centradas en la circularidad reduce la dependencia de recursos finitos y minimiza el impacto ambiental.

Tecnología para la Conservación del Medio Ambiente:

La tecnología también se convierte en una aliada poderosa en la conservación del medio ambiente. Drones equipados con sensores avanzados para la monitorización de la biodiversidad, robots submarinos para la exploración de los océanos y sistemas de inteligencia artificial para la predicción de desastres naturales son ejemplos de cómo la tecnología puede utilizarse para comprender, proteger y preservar nuestro entorno natural.

Ética y Sostenibilidad: Un Enfoque Holístico:

El enlace entre ética y sostenibilidad se vuelve cada vez más claro en la evolución de la tecnología. La toma de decisiones éticas en el desarrollo y aplicación de la robótica e inteligencia artificial no solo considera los impactos sociales, sino también los ambientales. La adopción de prácticas sostenibles y éticas se convierte en una responsabilidad compartida en la comunidad global de innovadores y consumidores.

Participación Ciudadana y Conciencia Ambiental:

La participación ciudadana y la conciencia ambiental son ingredientes cruciales en la receta para un futuro sostenible y tecnológicamente avanzado. La educación ambiental, la divulgación científica y la participación activa de la sociedad en la toma de decisiones relacionadas con la tecnología son fundamentales para garantizar que las innovaciones impulsen un cambio positivo y sostenible.

En Ruta Hacia un Futuro Sostenible:

A medida que avanzamos hacia un futuro donde la robótica y la inteligencia artificial desempeñan roles cada vez más prominentes, la sostenibilidad y la responsabilidad ambiental se convierten en guías esenciales en nuestro viaje. La innovación tecnológica debe converger con la preservación de nuestro planeta, recordándonos que el progreso tecnológico y la sostenibilidad no solo pueden, sino deben, coexistir para asegurar un futuro próspero y equilibrado para las generaciones venideras.

Integración Tecnológica y Desarrollo Global: Tejiendo el Futuro de la Sociedad:

En el tapiz de nuestra evolución social y tecnológica, la integración de las últimas tecnologías robóticas e inteligencia artificial se convierte en un hilo conductor esencial. Este capítulo explora cómo estas innovaciones no solo transforman la forma en que vivimos y trabajamos, sino que también influyen en el desarrollo global y en la construcción de una sociedad más equitativa y resiliente.

Automatización y Desafíos Laborales: Estrategias para la Transición:

La automatización impulsada por la robótica y la inteligencia artificial plantea desafíos en el ámbito laboral, pero también abre oportunidades para la redefinición de roles y la creación de empleos más especializados.

Estrategias de transición, como la formación continua y la adaptabilidad, se vuelven esenciales para garantizar que la fuerza laboral se beneficie de estas transformaciones en lugar de ser desplazada por ellas. La colaboración entre el sector privado, público y académico se convierte en un pilar fundamental para facilitar esta transición de manera efectiva.

Tecnología para el Desarrollo Global: Acceso Equitativo y Soluciones Innovadoras:

La tecnología robótica y la inteligencia artificial tienen el potencial de cerrar brechas y promover el desarrollo global sostenible. Desde la asistencia médica remota hasta la educación en línea y la gestión eficiente de recursos, estas innovaciones pueden brindar soluciones prácticas a desafíos globales. Sin embargo, garantizar un acceso equitativo a estas tecnologías y abordar las disparidades digitales son pasos cruciales para aprovechar completamente su potencial transformador.

Innovación Social: Empoderamiento de Comunidades y Participación Ciudadana:

La innovación social se convierte en un catalizador para el empoderamiento de comunidades y la participación ciudadana. Proyectos que utilizan robots para la agricultura sostenible, inteligencia artificial para prevenir crisis humanitarias y sistemas autónomos para la entrega de servicios básicos son ejemplos de cómo la tecnología puede ser un agente positivo en la construcción de sociedades más resilientes y justas.

Educación Transformadora: Fomentando la Alfabetización Digital y Científica:

El papel de la educación se vuelve aún más crucial en un mundo tecnológicamente avanzado. Fomentar la alfabetización digital y científica desde las etapas iniciales, así como la promoción de habilidades de pensamiento crítico y creativo, prepara a las generaciones futuras para enfrentar los desafíos y aprovechar las oportunidades que trae consigo la revolución tecnológica.

Gobernanza Global: Ética y Normas Universales:

La gobernanza global se vuelve esencial para abordar cuestiones éticas, legales y de seguridad asociadas con la robótica e inteligencia artificial. La creación de normas universales y la definición de límites éticos son aspectos fundamentales de este proceso. La colaboración internacional, la transparencia y la rendición de cuentas son principios rectores que ayudarán a establecer un marco ético sólido para el desarrollo y uso de estas tecnologías a nivel mundial.

Resiliencia y Adaptabilidad: Claves para un Futuro Sostenible:

En última instancia, la resiliencia y la adaptabilidad se convierten en las claves para construir un futuro sostenible en un mundo moldeado por la robótica e inteligencia artificial. La capacidad de adaptarnos a los cambios, abrazar la innovación de manera ética y trabajar juntos hacia objetivos comunes nos permitirá tejer un futuro donde la tecnología y la sociedad evolucionen de la mano, creando un tapiz vibrante y equitativo para las generaciones venideras.

Explorando el Horizonte de Posibilidades: Fronteras Inexploradas de la Tecnología:

En la búsqueda incesante de la innovación y el progreso, el horizonte de posibilidades se expande hacia fronteras inexploradas de la tecnología. Este capítulo examina las tendencias emergentes y los desafíos en la vanguardia de la investigación y desarrollo, explorando cómo las próximas olas tecnológicas redefinirán nuestra comprensión del mundo y nuestras interacciones con él.

Tecnologías Emergentes: Más Allá de la Imaginación:

Las tecnologías emergentes desdibujan las líneas entre la ciencia ficción y la realidad. La computación cuántica, la nanotecnología, la biotecnología avanzada y la fusión de la realidad virtual y aumentada abren nuevos caminos de posibilidad. Estas tecnologías no solo prometen revolucionar la forma en que procesamos la información y vivimos nuestras vidas, sino que también plantean preguntas fundamentales sobre la ética, la privacidad y la seguridad.

Descubrimientos Científicos Contemporáneos: El Asombro de lo Desconocido:

En el ámbito de la ciencia, los descubrimientos contemporáneos nos llevan al asombroso mundo de lo desconocido. Desde la comprensión más profunda del cosmos hasta el estudio del cerebro humano y la manipulación genética, cada nuevo hallazgo despierta nuestra curiosidad y nos desafía a repensar nuestro lugar en el universo. Estos descubrimientos no solo expanden nuestro conocimiento, sino que también plantean cuestionamientos fundamentales sobre la ética en la investigación y la aplicación responsable de estos avances.

Intersección de la Tecnología y la Ética: Navegando por Aguas Inexploradas:

La intersección de la tecnología y la ética se convierte en un terreno cada vez más complejo. A medida que las tecnologías emergentes nos llevan hacia territorios inexplorados, la necesidad de principios éticos sólidos se vuelve imperativa. La reflexión ética en el diseño de algoritmos, la manipulación genética y la inteligencia artificial autónoma se convierte en un requisito esencial para garantizar que estas innovaciones se utilicen para el bien común.

La Influencia de la Tecnología Cuántica: Más Allá de los Límites Clásicos:

La tecnología cuántica se destaca como una frontera que desafía los límites de la computación clásica. Su capacidad para realizar cálculos exponencialmente más rápido que las computadoras tradicionales abre posibilidades en la simulación de moléculas complejas, la optimización de procesos y la resolución de problemas actualmente insolubles. Sin embargo, la tecnología cuántica también plantea desafíos en términos de seguridad informática, lo que destaca la necesidad de abordar simultáneamente los riesgos y beneficios.

Hacia la Singularidad Tecnológica: La Fusión de lo Humano y lo Tecnológico:

La idea de la singularidad tecnológica, donde la inteligencia artificial alcanza y supera la inteligencia humana, plantea cuestionamientos filosóficos y éticos profundos. ¿Cómo navegamos por el camino hacia la fusión de lo humano y lo tecnológico? ¿Cuáles son las implicaciones de la mejora cognitiva y la integración hombre-máquina? Estos interrogantes exigen reflexión y diálogo a medida que avanzamos hacia un futuro donde las fronteras entre lo biológico y lo tecnológico se desdibujan.

La Experiencia Humana en la Era Tecnológica: Reflexiones Finales:

En última instancia, mientras exploramos estas fronteras inexploradas de la tecnología, es crucial recordar que, en medio de los avances y desafíos, la experiencia humana sigue siendo el epicentro de nuestro viaje. La tecnología no solo moldea el mundo que nos rodea, sino que también influye en quiénes somos y cómo experimentamos la vida. En esta era de innovación sin límites, mantener una conexión arraigada con nuestra humanidad se convierte en la brújula que guía nuestro viaje hacia lo desconocido.

Innovación y Emprendimiento: Donde los Sueños Se Convierten en Realidad

En el vibrante panorama de la innovación y el emprendimiento, las historias de éxito sirven como faros que iluminan el camino hacia el futuro. Este capítulo se sumerge en casos concretos que ejemplifican la capacidad transformadora de la innovación y la influencia del emprendimiento en la conformación de nuestro mundo contemporáneo.

Casos de Éxito en el Campo de la Innovación: Más Allá de los Límites Conocidos:

El campo de la innovación alberga historias extraordinarias de individuos y empresas que desafiaron los límites conocidos para crear soluciones innovadoras. Empresas como SpaceX, que revolucionó la exploración espacial, y Tesla, que lidera la transición hacia la movilidad sostenible, demuestran cómo la visión audaz y la ejecución impecable pueden cambiar paradigmas enteros. Estos casos no solo inspiran, sino que también subrayan la importancia de la creatividad, la perseverancia y la disposición a asumir riesgos en la búsqueda de la innovación.

El Papel de la Tecnología en el Emprendimiento: Un Catalizador para la Transformación:

La tecnología se erige como un catalizador fundamental para la transformación emprendedora. Start-ups como Airbnb, que redefine la industria de la hospitalidad, y Uber, que transforma la forma en que nos movemos, son ejemplos de cómo la adopción y adaptación de tecnologías emergentes pueden generar disrupciones significativas. La agilidad para abrazar nuevas tecnologías y adaptarse a un entorno en constante cambio se convierte en una ventaja competitiva clave para los emprendedores modernos.

Lecciones Aprendidas y Desafíos Superados: Narrativas Inspiradoras:

Detrás de cada éxito empresarial hay lecciones aprendidas y desafíos superados. Emprendedores que superan fracasos, enfrentan adversidades y perseveran en su visión son narradores de historias inspiradoras. El camino del emprendimiento es a menudo sinuoso, pero es precisamente esa resiliencia y aprendizaje lo que cimienta el éxito a largo plazo.

La Diversidad en el Emprendimiento: Fomentando la Inclusión:

La diversidad en el emprendimiento se presenta como un imperativo para fomentar la inclusión y maximizar la innovación. Casos de emprendedores provenientes de diversas culturas, géneros y contextos económicos subrayan cómo la inclusión no solo es ética sino también rentable. Al ofrecer oportunidades equitativas y celebrar la diversidad, el ecosistema emprendedor se enriquece con perspectivas únicas y soluciones creativas.

Emprendimiento Social: Más Allá del Beneficio Económico:

El emprendimiento social destaca la capacidad de los negocios para impactar positivamente en la sociedad y el medio ambiente. Proyectos como TOMS, que combina la venta de calzado con la donación a comunidades necesitadas, y empresas de tecnología que abordan desafíos globales, demuestran cómo el emprendimiento puede ser una fuerza para el bien social y ambiental, trascendiendo el mero beneficio económico.

El Futuro del Emprendimiento: Innovación Sostenible y Valores Éticos:

Mirando hacia el futuro, la innovación sostenible y los valores éticos emergen como pilares fundamentales del emprendimiento. Empresas que adoptan prácticas comerciales sostenibles, se comprometen con la responsabilidad social y priorizan la ética en sus operaciones están liderando el camino hacia un modelo de emprendimiento que no solo busca el éxito financiero, sino también un impacto positivo en el mundo.

El Emprendimiento Como Motor del Cambio: Reflexiones Finales:

En última instancia, el emprendimiento se presenta como un motor poderoso del cambio, capaz de moldear no solo el paisaje empresarial, sino también la sociedad en su conjunto. Cada empresa exitosa, cada innovación pionera, contribuye a la construcción de un futuro donde la creatividad, el ingenio y la responsabilidad forman la base de un ecosistema emprendedor vibrante y sostenible.

11.Exploración Espacial y Avances Astronómicos:

Exploración Espacial y Descubrimientos Astronómicos: Viajando Más Allá de las Estrellas

En el vasto y misterioso cosmos, la exploración espacial y los descubrimientos astronómicos nos llevan a fronteras inexploradas y revelan los secretos más profundos del universo. Este capítulo se sumerge en los logros más recientes en astronomía y las misiones espaciales que expanden nuestra comprensión del espacio y del lugar que ocupamos en él.

Descubrimientos Recientes en Astronomía: Desvelando los Misterios del Universo:

La astronomía contemporánea se destaca por una serie de descubrimientos fascinantes que transforman nuestra comprensión del cosmos. Desde la detección de ondas gravitacionales, predichas por Einstein hace más de un siglo, hasta la identificación de exoplanetas en zonas habitables, estos hallazgos abren ventanas a la diversidad y complejidad del universo. La expansión acelerada del universo, la existencia de agujeros negros supermasivos y la observación detallada de fenómenos cósmicos son solo algunos ejemplos de cómo la tecnología avanzada nos permite desvelar los misterios del espacio.

Misiones Espaciales: Puentes Hacia lo Desconocido:

Las misiones espaciales, tanto robóticas como tripuladas, continúan siendo los puentes que nos conectan con lo desconocido. La exploración de Marte, con misiones como Perseverance y los drones voladores Ingenuity, nos acerca a la posibilidad de vida pasada o presente en el planeta rojo. La sonda Parker Solar Probe, que se aventura más cerca del Sol que cualquier otra antes, proporciona información crucial sobre nuestra estrella. Además, las misiones de observación como el telescopio espacial James Webb prometen revolucionar nuestra capacidad para estudiar exoplanetas y observar el universo primitivo.

Colaboración Internacional en el Espacio: Trascendiendo Fronteras Terrestres:

La exploración espacial es un esfuerzo global que trasciende fronteras terrestres y políticas. Colaboraciones internacionales, como la Estación Espacial Internacional (EEI), son testimonios de cómo naciones de todo el mundo pueden unirse para avanzar en la investigación espacial. La cooperación en la exploración lunar, con programas como Artemis, demuestra el potencial de la colaboración global para alcanzar metas ambiciosas en la exploración del espacio profundo.

Tecnología Espacial Avanzada: Instrumentos para la Exploración:

La tecnología espacial avanza a pasos agigantados, proporcionando instrumentos cada vez más sofisticados para la exploración cósmica. Telescopios espaciales como el Hubble y el futuro James Webb nos permiten observar el universo en longitudes de onda que van desde el ultravioleta hasta el infrarrojo, proporcionando una visión única de objetos celestes distantes. Además, las misiones con sondas espaciales equipadas con instrumentación avanzada están transformando nuestra comprensión de planetas lejanos y cuerpos celestes dentro de nuestro propio sistema solar.

Búsqueda de Vida en el Cosmos: Una Pregunta Fundamental:

La búsqueda de vida más allá de la Tierra se ha convertido en una pregunta fundamental en la exploración espacial. La identificación de biomarcadores en atmósferas exoplanetarias, el estudio de lunas heladas que podrían albergar océanos subsuperficiales y la exploración de ambientes extremos en nuestro propio sistema solar son enfoques clave en la búsqueda de señales de vida en el cosmos.

El Futuro de la Exploración Espacial: Horizontes Inexplorados:

Mirando hacia el futuro, la exploración espacial promete horizontes aún más inexplorados. Misiones hacia planetas lejanos, asteroides ricos en recursos, y la búsqueda de respuestas a preguntas fundamentales sobre el origen y el destino del universo están en el centro de la próxima era de la exploración espacial. La posibilidad de enviar misiones tripuladas a Marte, establecer bases lunares permanentes y explorar exoplanetas habitables son solo destellos de lo que nos espera en el emocionante viaje cósmico que yace ante nosotros. La exploración espacial continúa siendo una odisea que no solo revela los secretos del universo, sino que también inspira a generaciones presentes y futuras a mirar hacia las estrellas con asombro y curiosidad.

La Maravilla de lo Desconocido: Más Allá del Espacio Conocido

Avances Tecnológicos en la Exploración Espacial: Ampliando Nuestros Sentidos

El avance tecnológico desempeña un papel crucial en la expansión de nuestros límites en la exploración espacial. Desarrollos en propulsión espacial, como la tecnología de propulsión iónica, permiten misiones más eficientes y rápidas. Instrumentos más sensibles y precisos nos permiten estudiar fenómenos cósmicos con mayor detalle. La inteligencia artificial se integra en las misiones espaciales, mejorando la toma de decisiones y la eficiencia operativa. Estos avances tecnológicos abren puertas a nuevas posibilidades y descubrimientos emocionantes en la exploración del espacio.

Colaboración Espacial Internacional: Un Esfuerzo Global

La exploración espacial es un esfuerzo que trasciende las fronteras nacionales. La colaboración internacional en proyectos como la Estación Espacial Internacional (EEI) demuestra cómo naciones de todo el mundo pueden unir fuerzas para avanzar en la exploración y la investigación espacial. La cooperación en misiones, el intercambio de conocimientos y recursos, y la participación de diversas culturas en la exploración cósmica enriquecen nuestras perspectivas y nos acercan a la comprensión de nuestro lugar en el universo.

Descubrimientos Exoplanetarios: Explorando Otros Mundos

Uno de los logros más destacados en la astronomía contemporánea es la identificación de exoplanetas, planetas que orbitan estrellas fuera de nuestro sistema solar. Misiones como el telescopio espacial Kepler y el Transiting Exoplanet Survey Satellite (TESS) han revelado una asombrosa diversidad de mundos, algunos con condiciones que podrían albergar vida. La búsqueda de exoplanetas habitables y la comprensión de sus atmósferas abren nuevas posibilidades en nuestra exploración del cosmos.

Mars Perseverance Rover: En Busca de Señales de Vida en Marte

La misión del rover Perseverance en Marte marca un hito en la búsqueda de señales de vida en nuestro vecino planetario. Equipado con instrumentos avanzados y tecnología de muestreo, Perseverance explora el antiguo lecho de un lago en busca de signos de vida pasada. La recolección de muestras marcianas, con el objetivo de traerlas a la Tierra en futuras misiones, promete proporcionar valiosos conocimientos sobre la posibilidad de vida en el Planeta Rojo.

Telescopio Espacial James Webb: Una Ventana a los Primeros Días del Universo

El lanzamiento del telescopio espacial James Webb está destinado a revolucionar nuestra capacidad para estudiar el universo primitivo. Equipado con instrumentos ultraprecisos y capaz de observar en el infrarrojo, el JWST permitirá a los científicos explorar los eventos que ocurrieron poco después del Big Bang. Este telescopio abrirá una nueva ventana a los primeros días del universo, permitiéndonos arrojar luz sobre preguntas fundamentales sobre la formación y evolución del cosmos.

El Futuro de la Exploración Espacial: Desafiando los Límites

A medida que nos adentramos en el futuro de la exploración espacial, nos enfrentamos a desafíos emocionantes y a la perspectiva de descubrimientos aún más extraordinarios. Misiones planeadas a Júpiter y sus lunas, la exploración de asteroides cercanos a la Tierra y el estudio de exoplanetas distantes son solo algunas de las emocionantes empresas que nos esperan. Con la vista puesta en las estrellas, la exploración espacial continúa siendo un viaje fascinante hacia lo desconocido, impulsando nuestra comprensión del cosmos y desencadenando la imaginación de generaciones presentes y futuras.

El Cosmos Como Laboratorio: Explorando la Frontera de la Física

Física de Partículas y Colisionadores de Alta Energía: Desentrañando los Secretos del Universo

En la búsqueda para comprender la naturaleza fundamental del universo, la física de partículas desempeña un papel crucial. Colisionadores de alta energía, como el Gran Colisionador de Hadrones (LHC), nos permiten recrear las condiciones extremas que prevalecieron en los primeros momentos del universo. Descubrimientos como el bosón de Higgs, que confiere masa a las partículas, han marcado hitos significativos en nuestra comprensión de las fuerzas fundamentales que gobiernan el cosmos.

Astrofísica de Alta Energía y Observatorios Cósmicos: Radiografía del Universo

La astrofísica de alta energía nos ofrece una radiografía del universo, revelando fenómenos cósmicos extremos. Observatorios espaciales, como el Observatorio de Rayos X Chandra, nos permiten estudiar fuentes de energía intensa, como agujeros negros y estrellas de neutrones. Estas observaciones proporcionan información invaluable sobre los procesos físicos en condiciones extremas y contribuyen a nuestra comprensión de la evolución del universo.

Física Cuántica y Computación Cuántica: Hacia un Mundo Cuántico

La física cuántica, que describe el comportamiento de partículas subatómicas, desafía nuestra intuición y redefine nuestra comprensión de la realidad. La computación cuántica, basada en los principios cuánticos de superposición y entrelazamiento, promete revolucionar la capacidad de procesamiento de información. Estamos en el umbral de una era cuántica que podría cambiar radicalmente la forma en que abordamos problemas computacionales complejos.

Cosmología y el Estudio del Universo a Gran Escala: Mapas del Cosmos

La cosmología, el estudio de la estructura y evolución del universo en su conjunto, nos ha brindado mapas detallados del cosmos a gran escala. Proyectos como el Satélite de Estudio de la Radiación Cósmica (Planck) han proporcionado mediciones precisas de la radiación cósmica de fondo, permitiéndonos explorar los primeros instantes del universo. Modelos cosmológicos, como la teoría inflacionaria, nos ayudan a entender la expansión acelerada del cosmos.

La Unificación de las Teorías: En Busca de la Teoría del Todo

Uno de los mayores desafíos en la física teórica es la unificación de las teorías que describen las fuerzas fundamentales. La búsqueda de la Teoría del Todo, que combine la gravedad cuántica con las fuerzas electromagnéticas y nucleares, continúa siendo un objetivo ambicioso. Propuestas como la teoría de cuerdas exploran la posibilidad de que las partículas fundamentales sean cuerdas vibrantes, ofreciendo una perspectiva fascinante para comprender la estructura fundamental del universo.

Desafíos y Preguntas No Resueltas: El Futuro de la Física

A pesar de los avances extraordinarios, la física aún enfrenta desafíos y preguntas fundamentales. La naturaleza de la materia oscura y la energía oscura, la posible existencia de dimensiones adicionales en el espacio-tiempo y la comprensión de los límites de la teoría cuántica son áreas que continúan desconcertando a los físicos. El futuro de la física promete seguir desentrañando los misterios más profundos del universo, llevándonos a nuevas fronteras de comprensión y desafiándonos a cuestionar y explorar lo desconocido.

Navegando por el Océano de la Mente: Neurociencia y Avances en la Compreensión del Cerebro

Explorando las Redes Neuronales: Desentrañando la Complejidad Cerebral

En el ámbito de la neurociencia, los avances tecnológicos nos permiten explorar las intrincadas redes neuronales que componen el cerebro humano.

Técnicas de imágenes cerebrales, como la resonancia magnética funcional (fMRI) y la tomografía por emisión de positrones (PET), nos brindan la capacidad de observar la actividad cerebral en tiempo real. Estos avances han llevado a descubrimientos significativos sobre la plasticidad cerebral, la memoria y el procesamiento de la información en el cerebro.

Mapeo del Conectoma: El Rompecabezas de las Conexiones Cerebrales

El mapeo del conectoma, que busca trazar todas las conexiones neuronales en el cerebro, es un proyecto ambicioso que promete ofrecer una comprensión completa de la estructura cerebral. Iniciativas como el Proyecto Conectoma Humano buscan desentrañar el rompecabezas de cómo las distintas regiones del cerebro se conectan y colaboran. Este enfoque nos acerca a comprender mejor las bases neuronales de la cognición, las emociones y las funciones ejecutivas.

Neurotecnología y Interfaces Cerebro-Computadora: Fusionando Mente y Máquina

El desarrollo de la neurotecnología y las interfaces cerebro-computadora abre la posibilidad de fusionar mente y máquina. Dispositivos como los neuroprótesis permiten a personas con discapacidades físicas controlar dispositivos electrónicos directamente con su actividad cerebral. Este campo también plantea preguntas éticas sobre la privacidad y la seguridad a medida que la tecnología se adentra en el dominio de la mente.

Investigación en Neuroplasticidad: Desafiando las Limitaciones del Cerebro

La investigación en neuroplasticidad revela la sorprendente capacidad del cerebro para adaptarse y cambiar a lo largo del tiempo. El aprendizaje, la recuperación después de lesiones cerebrales y la adaptación a nuevos entornos son ejemplos de la plasticidad cerebral en acción. Entender los mecanismos que subyacen a esta adaptabilidad puede tener aplicaciones en la rehabilitación neurológica y el tratamiento de trastornos cerebrales.

Estudio de Trastornos Neuropsiquiátricos: Descifrando el Código de las Enfermedades Mentales

La neurociencia también se adentra en el estudio de trastornos neuropsiquiátricos, como la esquizofrenia, la depresión y el trastorno del espectro autista. Investigaciones sobre las bases neurobiológicas de estas condiciones buscan identificar biomarcadores y desarrollar tratamientos más precisos y efectivos. Avances en la comprensión de la neuroquímica y la genética proporcionan claves importantes para descifrar el código de las enfermedades mentales.

Ética en la Investigación Neurocientífica: Consideraciones y Desafíos

A medida que la neurociencia avanza, surgen cuestiones éticas sobre la investigación cerebral. El acceso y el uso de la información cerebral, la privacidad del individuo y la posibilidad de manipulación cognitiva plantean desafíos éticos que la sociedad debe abordar. La reflexión ética se convierte en un componente esencial para garantizar que los avances en neurociencia se utilicen de manera responsable y beneficiosa para la humanidad.

El Futuro de la Neurociencia: Nuevas Preguntas y Descubrimientos Fascinantes

El futuro de la neurociencia promete nuevas preguntas y descubrimientos fascinantes. Desde la comprensión más profunda de la conciencia hasta el desarrollo de terapias innovadoras para trastornos neuropsiquiátricos, la exploración del cerebro continúa siendo una de las aventuras científicas más emocionantes e impactantes. La búsqueda para desentrañar los misterios de la mente humana nos lleva a territorios desconocidos, desafiándonos a comprender y apreciar la asombrosa complejidad del órgano más enigmático del cuerpo humano.

El Mundo Microscópico: Avances en la Biología Molecular y la Ingeniería Genética

Descifrando el Código de la Vida: Secuenciación del Genoma Humano y Más Allá

La biología molecular y la secuenciación del genoma humano han llevado a descubrimientos trascendentales en nuestra comprensión del código genético. La culminación del Proyecto Genoma Humano proporcionó un mapa detallado de los más de 20,000 genes que constituyen nuestro ADN. Avances en la secuenciación genómica permiten ahora investigar no solo la información genética de individuos, sino también de poblaciones enteras y especies, arrojando luz sobre la diversidad genética y la evolución.

Edición Genética y CRISPR-Cas9: Herramientas Precisas para la Ingeniería Genética

La tecnología CRISPR-Cas9 ha revolucionado la ingeniería genética al proporcionar una herramienta precisa para editar el ADN. Esta tecnología permite modificar genes específicos con una eficiencia y precisión sin precedentes. Aunque plantea cuestiones éticas, la edición genética tiene el potencial de corregir enfermedades genéticas, desarrollar cultivos resistentes y abrir nuevas vías para la investigación biomédica.

Biotecnología y Medicina Personalizada: Adaptando Tratamientos a la Genética Individual

La medicina personalizada, basada en la genómica y la biotecnología, adapta los tratamientos médicos a la genética individual de los pacientes.

Esto incluye la identificación de biomarcadores para la predicción de enfermedades y la personalización de terapias farmacológicas. La biotecnología también ha impulsado el desarrollo de terapias génicas y celulares, abriendo nuevas posibilidades para el tratamiento de enfermedades genéticas y otras afecciones.

Microbioma Humano: El Ecosistema Microbiano que nos Habita

El microbioma humano, el conjunto de microorganismos que coexisten en y sobre nuestro cuerpo, ha emergido como un área de investigación crucial. Estos microorganismos, que incluyen bacterias, virus y hongos, desempeñan un papel fundamental en la salud humana. Investigaciones en el microbioma revelan conexiones entre la composición microbiana y diversas enfermedades, así como la influencia de la dieta y el estilo de vida en este ecosistema.

Bioinformática y Big Data en Biología: Analizando la Complejidad Genética

La bioinformática, que combina la biología con la informática y las estadísticas, se ha vuelto esencial para analizar la complejidad genética. El procesamiento de grandes conjuntos de datos biológicos, conocidos como "big data", permite identificar patrones genéticos, predecir la susceptibilidad a enfermedades y entender las redes moleculares que regulan procesos biológicos fundamentales.

Ética en la Ingeniería Genética: Reflexiones y Consideraciones Sociales

La ingeniería genética plantea desafíos éticos significativos, desde preguntas sobre la modificación genética de embriones humanos hasta la creación de organismos genéticamente modificados. La necesidad de abordar estas cuestiones éticas se vuelve más apremiante a medida que la tecnología avanza, y la sociedad enfrenta decisiones importantes sobre el uso responsable de estas poderosas herramientas.

El Futuro de la Biología Molecular: Explorando Nuevas Fronteras Genéticas

A medida que avanzamos hacia el futuro, la biología molecular promete explorar nuevas fronteras genéticas. Desde la comprensión más profunda de la regulación génica hasta la aplicación de la ingeniería genética en la prevención y tratamiento de enfermedades, la biología molecular continúa siendo un campo dinámico y prometedor que moldea el camino hacia una comprensión más completa de la vida en su nivel más fundamental.

La Revolución de las Energías Renovables: Sostenibilidad y Transformación Energética

Energías Renovables: Un Cambio de Paradigma Energético

El crecimiento de las energías renovables marca un cambio de paradigma en la forma en que generamos y consumimos energía. Fuentes como la solar, eólica, hidroeléctrica y geotérmica se han convertido en pilares fundamentales para reducir la dependencia de los combustibles fósiles y mitigar el impacto ambiental asociado con la generación de energía.

Tecnologías Solares: Capturando la Energía del Sol

La tecnología solar ha avanzado de manera significativa, convirtiendo la energía del sol en electricidad de manera eficiente. Paneles solares fotovoltaicos, células solares de película delgada y concentradores solares térmicos son ejemplos de tecnologías que aprovechan la radiación solar para generar electricidad o calor. Estos avances no solo han aumentado la viabilidad económica de la energía solar, sino que también han ampliado su adopción en todo el mundo.

Energía Eólica: Vientos de Cambio en la Generación de Electricidad

La energía eólica ha experimentado un crecimiento significativo, impulsado por tecnologías de turbinas más eficientes y costos de implementación más bajos. Parques eólicos terrestres y marinos se han convertido en fuentes importantes de electricidad, aprovechando la fuerza del viento para generar energía limpia y renovable. Los desarrollos en el diseño de aerogeneradores y la integración de almacenamiento de energía contribuyen a hacer la energía eólica más constante y confiable.

Hidroeléctrica y Energía Geotérmica: Potenciales Inagotables de la Naturaleza

La energía hidroeléctrica, generada a partir del movimiento del agua, y la energía geotérmica, aprovechando el calor de la Tierra, son fuentes de energía renovable con un potencial inagotable. Centrales hidroeléctricas, tanto a gran escala como pequeñas instalaciones locales, aprovechan la energía del agua en ríos y embalses. Por otro lado, plantas geotérmicas extraen el calor almacenado en el interior de la Tierra para generar electricidad y calefacción.

Almacenamiento de Energía: Superando los Desafíos de la Intermitencia

El almacenamiento de energía es un componente crucial para abordar la intermitencia inherente de algunas fuentes renovables, como la solar y la eólica. Tecnologías como las baterías de ion de litio, sistemas de almacenamiento térmico y soluciones innovadoras de almacenamiento a larga escala están siendo desarrolladas para proporcionar una fuente de energía continua y confiable.

Desafíos y Oportunidades en la Transición Energética: Hacia un Futuro Sostenible

A pesar de los avances, la transición hacia un sistema energético más sostenible presenta desafíos y oportunidades. La necesidad de mejorar la eficiencia de las tecnologías renovables, abordar la infraestructura de red para la integración óptima y garantizar una transición justa para las comunidades afectadas por el cambio en el sector energético son aspectos clave en este proceso. La adopción generalizada de soluciones sostenibles depende no solo de la innovación tecnológica, sino también de políticas y decisiones estratégicas a nivel global.

Energía y Desarrollo Sostenible: Una Alianza Crucial

La energía renovable no solo representa un cambio en la matriz energética, sino también una oportunidad para impulsar el desarrollo sostenible. La reducción de emisiones de gases de efecto invernadero, la creación de empleo en el sector renovable y el acceso a la energía en regiones previamente desatendidas son impactos positivos que pueden surgir de la transición hacia un futuro energético más sostenible. La colaboración global y el compromiso con la innovación son esenciales para hacer frente a los desafíos climáticos y avanzar hacia un futuro donde la energía sea sostenible, accesible y equitativa para todos.

La Era de la Información: Transformación Digital y Sociedad Conectada

Internet y la Revolución Digital: Conectando el Mundo

La aparición de Internet ha sido un hito transformador en la historia de la tecnología. La interconexión global de dispositivos y la posibilidad de acceder a información de manera instantánea han dado lugar a la revolución digital. La World Wide Web, las redes sociales y la computación en la nube son componentes clave de esta transformación, permitiendo una comunicación y colaboración sin precedentes.

Inteligencia Artificial y Machine Learning: La Nueva Frontera de la Computación

La inteligencia artificial (IA) y el aprendizaje automático (machine learning) han emergido como tecnologías disruptivas que impulsan la automatización y la toma de decisiones inteligentes. Desde asistentes virtuales hasta sistemas de recomendación y vehículos autónomos, la IA está transformando la forma en que interactuamos con la tecnología y cómo se realizan diversas tareas en la sociedad.

Tecnologías Emergentes: Blockchain, Realidad Virtual y Más

Junto con la inteligencia artificial, otras tecnologías emergentes están definiendo la forma en que vivimos y trabajamos. Blockchain, conocida por su aplicación en criptomonedas, se utiliza también para garantizar la seguridad en transacciones y contratos. La realidad virtual (RV) y la realidad aumentada (RA) están cambiando la experiencia humana al proporcionar entornos inmersivos y mejorando la interacción con el entorno digital.

Ciberseguridad: Protegiendo la Infraestructura Digital

El aumento de la conectividad digital también ha dado lugar a desafíos en cuanto a la ciberseguridad. La protección de datos personales, la seguridad de las transacciones en línea y la defensa contra amenazas cibernéticas son aspectos cruciales en la era digital. Avances en tecnologías de seguridad, como sistemas de cifrado y autenticación biométrica, buscan salvaguardar la integridad de la información digital.

Transformación Digital en Empresas y Sociedades: Adaptación y Desafíos

La transformación digital no solo afecta a la tecnología, sino que también redefine la forma en que las empresas operan y las sociedades funcionan. La adopción de tecnologías digitales en la gestión empresarial, la educación, la atención médica y otros sectores está redefiniendo los procesos y generando eficiencias. Sin embargo, también plantea desafíos en términos de brecha digital, privacidad y adaptación a un ritmo acelerado de cambio.

Ética y Responsabilidad en la Era Digital: Reflexiones Cruciales

A medida que la sociedad se vuelve más dependiente de la tecnología digital, las cuestiones éticas y de responsabilidad ganan importancia. La privacidad de los datos, la equidad en el acceso a la tecnología y la influencia de algoritmos en la toma de decisiones son temas que requieren una cuidadosa consideración y regulación.

El Futuro de la Sociedad Conectada: Desafíos y Posibilidades

La sociedad conectada enfrenta desafíos y posibilidades en el horizonte. Desde la implementación de la Internet de las cosas (IoT) hasta la integración de la tecnología en la vida cotidiana, la manera en que la sociedad aborda estos cambios determinará el curso de la era digital. La colaboración global, la ética digital y el enfoque en la inclusión son clave para garantizar que la transformación digital beneficie a la humanidad en su conjunto.